ハートドリブン
HEART DRIVEN
目に見えないものを大切にする力
アカツキ創業者
塩田元規
NEWS PICKS
GENTOSHA
幻冬舎
GENKI SHIOTA
NEWSPICKS BOOK

ハートドリブンなアカツキの風景

アカツキのエントランス

アカツキの社名は「世界に夜明けを」という意味で、日本語の暁に由来する。太陽の光と多彩な個性が混ざりあうチームでありたいという想いを込めたロゴと、季節の植物で彩られたエントランス。

アートに囲まれたオフィス

アカツキのオフィスのいたるところにアート作品がある。なかでも会議室には部屋ごとに、アカツキが大切にする「HEART」「CLAP」「WONDER」「KIZUNA」「FUTURE」「SMILE」という言葉をテーマにした絵が壁一面に描かれている。

SHINE LOUNGE（社員ラウンジ）

窓から白金の自然教育園が見渡せる、緑色のカーペットが映えるラウンジ。コーヒーを飲みながら雑談したり、アイデアを膨らませる空間になっている。アカツキのオフィスではメンバーは靴を脱ぎ、はだしで過ごす。自宅のリビングにいるように、カラフルなクッションを並べて床に座る。

合宿

アカツキで年2回行う合宿。普段忙しくて後回しにしがちな、「緊急ではないが重要なこと」に向き合うための時間。アカツキのオフィスから離れた場所に集合し、さまざまなワークや分かち合いを行っている。

分かち合い

アカツキでは毎週メンバーが集まる定例会があり、プロジェクトの発表後は質疑応答ではなく「分かち合い」が行われる。4〜6人程度で輪になり、「何を感じたのか、どう思ったのか」を分かち合う。

合宿でのアートワーク

2019年2月の冬合宿では、語りたいテーマごとのグループを作り、そのテーマについて自由に話した。その後、そのイメージを共有しながらみんなでペンキでアートを描き、自分の内側にある感情を解放して自由に表現した。

魂の進化につながる僕の旅

セドナ

ネイティブアメリカンの聖地と呼ばれる、レッドロックに囲まれたセドナは、世界最高のパワースポットの一つ。アカツキCEOの僕はCOOの哲朗と一緒に休みをとって、セドナでじっくり話し合った。こうやって二人で旅に出る時間。一見無駄に思えるこんな時間が、僕たちにはとても大切だ。

バーニングマン

世界中からクリエイターや旅人が集まる世界最大の奇祭「バーニングマン」。毎年8月、アメリカのネバダ州ブラックロック砂漠に約8万人が集う。お金は介在せず、参加者はギブアンドギブの考え方で、何かしらの自己表現とギブをする。

勝屋久・祐子夫妻との旅

アカツキの社外取締役の勝屋久さん、奥さんの祐子さんとは、セドナ、ボルネオ、洞爺湖など、年1回は旅行に行くことにしている。「魂の進化合宿」と呼んでいて、深く語り合う旅だ。

ハートドリブン

目に見えないものを大切にする力

PROLOGUE

これからの時代を生きるあなたへ

あなたの可能性を開く鍵は感情にある。
感情を鍵に、心の扉を開けば、あなたの本質が輝きだすんだ。

i　これからの時代を生きるあなたへ

〝感じて、分かち合う〟本をあなたに

最初にあなたに伝えたいこと。

それは、この本が、感じて、分かち合う本だということだ。

正解や、やり方を伝えるHow to本でもないし、上場企業CEOとしての僕のかっこつけた成功譚でもない。

むしろ、自分の葛藤や苦しさも全部さらけ出して書いた。僕の起業の旅、人生の旅の中で感じたことを率直に分かち合いたかった。

だから、この本を書くのは正直、僕には勇気が必要だった。

もちろん、これからの時代のビジネスのポイントやリーダーシップ、経営、組織についても伝えているから、起業家やビジネスリーダーなど、ビジネスで成功したい人にとって参考になる箇所がたくさんあると思う。結果として効率的に成果が出せるかもしれない。

でも、時とともにやり方は陳腐化するし、何より、**社会的な成功は結果であって、目的ではない**。だから、**それ以上に大切な、あなたの中にある宝物を思い出す本になれば**いいなと思っている。

〝感じて、分かち合う〟こと。それがこの本のキーワードだ。

そして、このキーワードはこれからの時代でもっとも大切なものだと僕は信じている。

時代はもう変わっている！

時代はもう変わっている。あなたも、個の時代、共感の時代、多様性の時代など、色んな言葉を耳にしたことがあると思う。

僕は、これからの時代は、ハートやつながりといった目に見えないものが中心になると信じている。**合理・論理など目に見えるものが中心の時代から、感情・ハートが中心**

の時代だ。

大人になって忘れかけてしまった子供心、好奇心が価値になる

「遊びやワクワクだけじゃ生きていけない」っていう言葉がこれからは逆になる。今まで、無駄だと言われた子供のような好奇心が価値を持つ。

頭で考えて社会に合わせて生きる時代は終わった。外側ではなく、自分の内側を大切にする時代だ。内側にある、ハートに従って、自分の可能性を開いていく。そして、やること（Doing）だけじゃなくて、自分の在り方（Being）も大切にしていく。

それは、一人ひとりが自分らしくハートに従って生きる時代。そして、多様な生き方をお互いに認め合えて、みんなの人生がカラフルに輝く〝ハートドリブン〟な時代だ。ハートを大切にする人が、結果として社会的な成功も得られると僕は感じている。

ビジネスの世界でも目に見えないものが、より大切になる

ビジネスでも、遊び心や感情を大切にすることが成長の鍵になる。

便利だから商品が売れるという機能的価値が中心だった時代は、もう終わった。精神的、感情的な満足に価値の源泉が移っていく。見えない感情的な価値（感情価値）がどんどん高まっていく時代だ。感情価値に払う金額は、機能的価値に払う金額よりはるかに大きい。そして、感情価値の高まりは、顧客をファンに変えていく。

だからビジネスでも、心が動く、ワクワクなどの感情が力になる。

ii　アカツキはハートを大切にしたから成長できた

会社の中心に感情を置く

僕が経営しているアカツキという会社は、まさに目に見えないものを大切にしてきた会社だ。社名には、〃世界に夜明けを〃という想いを込めた。創業当初から、合理・論理を重視する価値観じゃなく、感情・ハートといった目に見えないものを中心にする価値観を大切にしてきた。だからこそ、アカツキは大きく成長してきたんだと思う。

アカツキは2010年に創業して、今年で10期目になる会社だ。

僕たちは、自分たちの仕事を「人の心を動かす素晴らしい体験を提供して、一人ひとりの人生を豊かに色づけていくこと」と定義している。心を動かす体験をキーワードに、デジタルからリアルまで幅広く事業展開している。デジタルでは、モバイルゲームをグローバル展開し、アメリカのハリウッドでは映画事業も行っている。リアルでは、アウトドア専門のアクティビティ予約プラットフォーム「SOTOASOBI（そとあそび）」や、横浜駅直通の複合型体験エンターテインメントビル「アソビル」を運営している。「うんこミュージアム」や宇宙をイメージした屋内キッズテーマパーク「PuChu!（プチュウ）」など人気コンテンツが続々誕生している。また、スポーツ事業も始めていて、2018年からは東京ヴェルディの主要株主となり、コーポレートパートナーとして応援している。これらは全て、心を動かす体験という点でつながっている事業だ。

一般的なエンターテインメントという事業領域にこだわってはいない。全ての産業はエンタメ化していくという信念で、アカツキの事業を拡大している。だから、アカツキの事業以外でも、企業やアーティスト、クリエイターへの投資も含めて、幅広い領域に事業展開しようとしている。

いわゆる〝大成功〟企業と言われるアカツキ

創業して3、4年は、僕たちの理念や哲学はなかなか周囲に理解されず、〝わけがわからない哲学の会社〟とか、〝いっちゃってる会社〟と否定されることもあった。

そんな中で、アカツキは大きく成長して、創業6年目に東証マザーズ上場、7年目に一部上場を果たした。2018年度の決算では、通期売上281億円、営業利益で136億円を計上している。正社員や契約社員、業務委託など、メンバー（アカツキで働く人を「社員」「派遣」ではなく「メンバー」と呼んでいる）は1000人を超える。東京と福岡、台湾、ロサンゼルスに拠点を持ち、アメリカやインドなどにも投資先を持つグローバルな企業になった。

最近では、こうした数字の結果を見て、外部の人からは大成功して勢いのある会社だ、と言われるようになった。

ただ、数字の結果はアカツキのほんの一部しか表していない。短期的な利益の最大化が僕らのゴールじゃない。僕らの成功の定義は、あくまで自分たちの信念やビジョンにもとづくものだ。どれだけ人の心を動かせたか、誰かの人生をカラフルに彩れたかどうか。アカツキのメンバーが、自分たち自身の心や感情を大切に仕事ができているかが大事なんだ。これらは目に見えづらいから、外部からはわかりにくい。

でも、これからの時代には、見えないものを大切にしている会社やリーダーが成功していくと、僕は信じている。アカツキみたいに感情やハートを中心に置くと決めている会社が、一部上場し、業績も成長できている事実は、時代が変わったということの証ではないかと僕は感じている。

iii　新しい世界で生まれる不安や葛藤

正解がなくなる時代に生まれる不安や恐れ

僕がこの本で伝えたいのは、これからの時代の素晴らしさだけじゃない。なぜなら、変化は葛藤（かっとう）や不安も生むからだ。

これからの時代は、正解がない、多様な時代だ。そこには人によっては、不安がつきものだ。

ハートに従って生きていくのは簡単じゃない。

ビジネスの世界では、目に見えないものは取り扱われにくい。説明ができないものも許されにくい。頭で考え、説明できる世界で、多くの人が仕事をしていると思う。そもそもハートや感情について教わる機会はないのではないだろうか。僕自身も考えたことすらなかった。学校の授業では正解が必ずあって、それを速く導き出す方法を教わってきた。効率的・効果的なやり方を見つけることが価値だった。

時代が変わった今は、正解は一人ひとり違うから、あなたの中の答えが大切になる。

外に正解を探しに行くのではなく、自分の内側にある正解に向き合う必要がある。しかし、それは、未知のことだから不安になる人もいるかもしれない。

でも、大丈夫。葛藤や不安を抱えているのはあなただけじゃない。僕も一緒だ。

僕自身も合理性バリバリの資本主義の世界で、もがいている

これまでのビジネスの価値観だと、遊びや感情など合理的でないもの、目に見えないものは切り捨てられやすい。だから、僕もこれまでの価値観と新しい価値観の間でたくさんの葛藤があったし、それによって自分が壊れてしまいそうになったこともたくさんある。

そもそも、僕の両親は小学校の教師で、僕は長男として生まれたからか、責任感がすごく強い。そんな僕が一部上場企業の経営者という責任ある役割を担うようになり、必要以上に苦しむことも多かった。

好奇心や遊び心を大切にしようとしても、できないこともたくさんあった。過去に、

責任感が強いあまり、人の心を傷つけてしまったこともある。過去だけじゃなくて今も、〝一部上場企業の経営者〟っていう役割に葛藤することもある。

でも、たくさんの葛藤に向き合って、僕が気づいたことがある。

それは、これからの時代を生きる鍵は、外側の世界にはないってことだ！

〝感情を丁寧に扱うこと〟それが、人生を輝かせる鍵だ！

多くの人が自分の内側の感情には気づかず、外側のことばかりに意識を向けがちだ。あなたの内側に意識を向けて、感情を丁寧に扱おう。

自分の本当の想いに気づいていく。それを見つめていく。**感情を丁寧に扱うと、自分の内側が成長・進化していく。**それにより、世界の見方が変わる。見方が変わると、行動が変わり、人生が変わっていく。

僕は、この内側の進化のことを、少し強い表現だけれど、「**魂の進化**」と呼んでいる。内側（魂）が進化すれば、あなたにとっての真実が変わる。

これからの時代が困難な世界なのか、可能性にあふれた世界なのか、それもあなたの見方で変わっていく。そして、この人生でやりたいことにシンプルに向かわせてくれる。何より、自分の中の愛が、大きく太く育っていく。

僕も感情を鍵に、魂の進化にコミットしている

僕は経営者だからこそ、自分の内側の進化にコミットしている。

経営と同じかそれ以上に、自分の内面や感情に向き合う時間を大切にしている。たとえば自宅やオフィス、自然豊かな公園で瞑想したり、時には休みをとって旅に出て、心に向き合う時間をとったりしている。また、アカツキの仲間や友達と、自分が感じたことを分かち合いながら、より深く自分の感情を理解しようとしている。

瞑想や心という言葉に慣れていない人もいるかもしれないが、実はこの領域は世界的にも注目が集まっている。アメリカの経営者の間では以前から禅の考えが重要視されているし、マインドフルネスや瞑想など心へのアプローチでストレスを低減し、集中力を向上させる取り組みは企業でも盛んに行われている。その流れを加速させる動きとして、最先端の脳科学、生体科学、心理学、テクノロジーを活用して、心の健康や幸福を実現

するスタートアップ企業も増えていて、産業としても成長が期待できる分野だ。

最近では日本でも、「well-being（ウェルビーイング）」「幸福経営」という言葉を聞くようになった。体だけじゃなく、心も健康な状態で、社会全体で〝幸せ〟の実現を目指すことに注目が集まっている。

アカツキはこの領域にも事業投資しているが、〝幸せ〟〝心〟というのは人類の次の大きなアジェンダだと思う。

そのために大切なことは、手法じゃない。自分の内側や感情を大事にしていくことだ。

さぁ、感情を鍵に、心の扉を開こう

この本の一番大切なメッセージは、「感情を鍵に、心の扉を開く」ことについてだ。内側が世界を創る。内側が変われば世界が変わるんだ。

この本は以下のような構成になっている。

1章では、これからの新しい世界の変化について分かち合う。心を中心とした時代へのシフトと、その中で自分の内側を見ることの大切さを伝えている。２〜５章は、僕の起業物語と葛藤や内側の変化について。それを踏まえて魂の進化とその可能性について分かち合う。６章は、その後たどりついた、これから大切にするべきビジネスや経営スタイルについてだ。そして、最後に、僕からあなたへのメッセージを届けたい。


感情という見えにくいものを、本で説明するのは難しい。

だからこそ、僕の起業の物語を通して、僕自身がどのように感情に向き合いながら会社を成長させてきたかを分かち合う。そして、あなたの人生の素晴らしい可能性について伝えたい。改めて、この本は〝感じて、分かち合う本〟だ。


あなたの真実とはなんだろうか。

あなたの宝物や、心が動くこと、それを思い出すことがこの旅のスタートだ。

自分の感情や心を大切に扱っていく。

そして、これからの物語をキャンバスに描いていく。そのきっかけにこの本がなればいいな、と思っている。

あなたの世界は何色に見えるだろうか？
人生のキャンバスにどんな絵を描きたいだろうか？　どんな色を使いたいだろうか？
あなたの魂の叫びはなんだろうか？

この本を読み終えたら、少し時間をとって、あなたの心に問いかけてほしい。

それでは、旅をスタートしよう!!

ハートドリブン

目に見えないものを大切にする力

目次

PROLOGUE

これからの時代を生きるあなたへ

CHAPTER 3

一つの進化は、次の進化へのプロセス

上場してからも旅は続く

CHAPTER 1

ワクワクやつながり。心の時代へのビッグシフト

ハートドリブンな世界へ

色眼鏡を外して、世界を見てごらん。
時代はもう変わっているかもしれないよ。

i 見方を変えて見てみよう！世界はもう心の時代へ入っている！

人は常にフィルターを通して世界を見る

昔、大学生の時に出会った、あるおじいちゃん経営者が僕にこう言った。

「人は世界を自分の見たいように見るんだ。だから、最高の人生を送り、最高の会社を創りたいなら、まず、塩田君自身が世界をどう見ているかを認識しなさい」

僕は今、アカツキの会社経営を通して、この言葉の深さを痛切に感じている。

人は、常に自分の〝フィルター（色眼鏡）〟を通して世界を見ている。

たとえば、職場の上司に怒られた時、「悪意を持って怒っている」と受け取ったら、その上司の他の行動も悪意があるように見えてしまうことはないだろうか。あなたのためにやっている行動だったとしても、一度フィルターをかけると、好意的にその人を見ることは難しくなる。他にもフィルターはたくさんある。たとえば、「頭のいい人しか成功しない」というフィルターかもしれない。もしくは、「仕事はつらいものだ」「苦しんだ分だけお金がもらえる」というフィルターかもしれない。

あなたにもたくさんのフィルターがあると思う。

でも、大切なのは、「そのフィルターは全ての人にとっての〝真実〟じゃない!!」っていうことだ。

あなたにとっての悪い人は、他の人にとってはいい人かもしれないし、働く意味も人によって全然違う。

見方によって、自分の行動が決まっていく。だから、世界の見方を認識して、問い続けることは、すごく大切だ。

見方を広げて世界を見よう。「虫の目、鳥の目、魚の目」だ

「虫の目、鳥の目、魚の目」という言葉を聞いたことがあるだろうか。

虫の目は、虫のように小さな目で物事の状況を見る。

鳥の目は、俯瞰して全体を見る。

魚の目は、トレンドや流れを見る。

特に、鳥の目、魚の目を意識しないと、世界の大きな変化を見逃してしまう。だから、意識的に三つの目を使って、世界を見てみよう。

1章では、三つの目を意識して、僕が見ている時代の変化について伝えたい。

結論をいうと、便利さや合理性が中心の時代から、心が中心の時代に変わったということだ。

それは、明治維新の時や、第二次世界大戦が終わった時のような、劇的な価値観の変化だ。

この変化のすごい点は、一つの大きな変化じゃなくて、創発的に多数の変化が生まれることだ。新しい正解があるわけじゃない。むしろ正解が多様になり、一人ひとりがどう生きていくのかを問われる時代になる。だからこそ、心や感情が中心になる。

この時代の変化を理解するために、僕が見ている大きな世界の変化を三つにまとめてみた。

三つの変化について、まず分かち合いたいと思う。

ii 世界に起こっている三つの変化

ここでは、世界に起きている三つの変化について、分かち合いたい。
1. 便利さ（機能的価値）の時代から、心（感情価値）の時代へ
2. 画一的な価値観から、多様な価値観を認め合う時代へ
3. 透明性の加速。Doing から Being の時代へ
ここから三つの変化について、一緒に考えてみたい。

1. 便利さ（機能的価値）の時代から、心（感情価値）の時代へ

技術の進化が僕らの欲求をシフトする

ＡＩを中心とした技術の進化によって、人間がやらなければいけないことはどんどん少なくなっていく。

安心・安全がより多くの人に保障され、世界はますます便利になっていく。結果、可処分時間が増大し、人生に余白ができてくる。

マズローの欲求５段階説（生理的欲求・安全欲求・社会的欲求・承認欲求・自己実現欲求）にあるように、人は物質的に豊かになり、安心・安全に対する欲求が満たされると、充実感やつながりといった心の欲求にシフトする。物質的な満足より精神的な満足を求めるようになっていく。

だから、相対的に見れば、モノや便利さの価値はどんどん減少していく。

その中では、次のことが起きると思う。

・〝エンターテインメント〟〝体験〟の価値が増大する。
・全ての商品・産業が感情価値を中心にエンタメ化する。
・働く人も感情価値を求めて集まる。

どういうことか、見ていこう。

人はなぜゲームをするのか。感情報酬という報酬

僕らの主力事業の一つであるゲーム産業は、パソコン、家庭用ゲーム機、スマートフォンなどプレイする環境が多様化し、市場規模は15兆円を超えるとも言われている（市場調査会社「Newzoo」の２０１８年4月30日調査レポートより）。

ゲームは、まさに人が感情価値にお金を払っている最たる例だ。

ゲームの種類に、「ＲＰＧ（ロールプレイングゲーム）」がある。これは、物語の中で課題が与えられ、努力をして成長し、困難を克服し、目的を達成するゲームだ。ゲーム

をやらない人の中には、「なぜ、お金と時間を使って、あえて努力や困難を体験しているのか？」と思う人もいるだろう。現実世界だと、お金をもらってやるような苦労や労働を、お金を払ってやっているように見えるからだ。

僕は、これこそ、感情価値にお金を払っているんだと捉えている。ゲームの中で何かを成し遂げる喜びや、負ける悔しさ、ワクワクやドキドキ。色んな感情がゲームでは報酬になっている。感情の報酬だ。僕はこの〝感情報酬〟のパワーに魅了されて、ゲーム事業で起業した。

ゲームデザイナー兼研究者のジェイン・マクゴニガルは著書『幸せな未来は「ゲーム」が創る』の中で、ゲームを「目的があり、ルールがあり、フィードバックがあり、内発的・自発的動機があるもの」と定義している。

ゲームの作品世界における目的（ミッション）に共感し、一定のルールのもとで、フィードバックを受け取りながらプレイをしていくのがゲームなんだ。ユーザーが自発的にやりたくなる作品世界を作り、ワクワクやドキドキといった感情的な満足を得られるよう、適度な難易度を設定するなどのさまざまな工夫をしてゲームは開発されている。

結果、ゲームの世界では外的インセンティブじゃなく、内発的な満足のために人は行動している。

人は感情報酬を求めているが、リアルで満たされる場所はまだ少ない

ゲーム産業が拡大していることは、人が心の満足を求めているという一つの例だ。近年、「モノからコトへ」の変化はしきりに言われているが、ゲームに限らず、フェスやモノづくりなど、さまざまな〝体験〟にお金を払うことが増えていると感じることはないだろうか。

安心、安全、便利が満たされれば満たされるほど、人は感情報酬を求めていく。

一方で、ゲームやイベント、テーマパークなど、エンターテインメント業界の成長は、人々が実生活でワクワクや喜びなどの感情報酬を十分に得られていないことを意味している。仕事一つをとっても、楽しんでいない人も多くいるだろう。

感情報酬のニーズは増えているのに、それを満たす場所はまだ少なく、そのギャップは大きくなっている。だからこそ、それを満たすもの、エンターテインメントを筆頭に、

クリエイティブなもの、アート、文化的なものの価値が上がる。便利さの価値から、ワクワクする体験などの感情的な価値へと人が求めるものが変わっていく。この流れはどんどん加速していくと思う。

全ての産業で感情価値が大切に

この感情価値は、ゲームのような、娯楽や遊びと呼ばれているエンターテインメント産業以外の領域でも、今後ますます重要になってくる。全てのモノやサービスの価値の源泉が、機能的価値から、感情価値へシフトしていく中、感情価値で差別化することが求められる。それは、サービスに心が動く体験を加えるということだけじゃなく、自分たちの思想・哲学を大切にして差別化することと同じだと思う。

感情価値によってケタが変わる。思想や哲学が生み出す訴求力

感情価値は、制限がない。ワイン、車、時計などがわかりやすい例だ。

安いものから高いものまで金額の差が大きく、１００倍の金額差があることも多い。

でも、機能的には１００倍の差があるわけではないし、１００倍の原価がかかってい

るわけでもない。でも顧客は100倍の差に納得している。それは、機能的価値ではなく、その商品が持つ物語に共感し、ワクワクする感情価値にお金を払っているということだ。

これは、高級品だけの話じゃない。たとえば、僕はアップルの製品が好きで、パソコンもスマホもアップルの製品を使っているけれど、それはアップルの思想に共感しているところが大きい。

スティーブ・ジョブズがアップルに戻ってきた時、自分たちの哲学をCMという形で世に伝えた。それが「Think different.」だ。

CMでは、哲学の言葉が流れる。その言葉がこれだ。

「クレージーな人たちがいる。反逆者、厄介者と呼ばれる人たち。四角い穴に丸い杭を打ち込むように、物事をまるで違う目で見る人たち。彼らは規則を嫌う。彼らは現状を肯定しない。彼らの言葉に心を打たれる人がいる。反対する人も、称賛する人も、けなす人もいる。しかし、彼らを無視することは誰にもできない。なぜなら、彼らは物事を変えたからだ。彼らは人間を前進させた。彼らはクレージーと言われるが、私たちは天才だと思う。自分が世界を変えられると本気で信じる人たちこそが、本当に世界を変えているのだから」

このCMでは、アップルの製品や何をやっているかについては全く話さない。ただ、なぜやっているかということを話しているんだ。ジョブズは当たり前のようにわかっていたんだと思う。機能的な差別化の前に、思想の差別化、意義・信念への共感、それが最初にあるべきだと。それがあった上で、作り上げた作品がMacやiPhoneなんだと。だから、アップルの顧客は顧客じゃなくてファンになる。製品を購入することにワクワクする。ただの消費者じゃない、その作り手の思想に共感してくれる応援団になっている。

実はアカツキも昨年、コーポレートムービーを制作した。主に採用活動に活用するための映像だけど、アカツキが〃何をやっている会社か〃という説明は一つも入れなかった。信じているメッセージだけを込めた。それが「SHINE A LIFE―さあ、世界を色づけよう。」というコンセプトだ。僕たちが一人ひとりの人生を輝かせること、そして社員はSHINE（輝く存在）だと信じていること。そうした哲学を込めた映像だ。

SHINE A LIFE のメッセージはこうだ。

「もしこの世界が退屈に見えるなら、新しい波を起こすのは僕らだ。
たとえば、自分だけのやり方で今を駆け抜けてみる。
たとえば、誰かに寄り添うような新しい道をつくってみる。一見ヘンテコな、そのひらめきも、きっと新しい世界の『ふつう』になる。

想像してごらん。もし、この世界がまだ夜明け前だとしたら。
照らし出すのは、きっと僕らだ。そしてあなただ。

たとえば、誰かのユーモアのように。世界が変わって見えることを。
たとえば、キミの笑顔のように。世界が変わって見えることを。

SHINE A LIFE
この世界を色づけるのは、特別な誰かじゃない。
きっと僕らだ。そして、キミだ。いっしょに、どう？」

アカツキが信じることを、映像で社内だけでなく社会と共有する。そういうことが大切なんだ。

購買行動は、哲学・信念の自己表現になり、ブランドの価値が高まる

これからの時代、購買行動は、その人の哲学・信念を世界に表現することと同じ行為になってくる。

哲学に共感する商品を購入することで、自分も同じ信念を持っていること、会社がその商品を通して作りたい世界に貢献する仲間であることを感じられる。

だから、顧客じゃなくてファンになる。ファンの熱量や多さがブランドを作る。ブランドは、これからの時代で重要な価値だ。

ブランドがない商品は、機能的価値の競争から抜けられない。他の会社がそれ以上に便利なものを作れば、顧客はシフトしていく。顧客は合理的に費用対効果で比較・判断する。でも、ブランドは他の商品と競合しない。思想が違うからだ。思想に共感してい

るファンは、合理性を超えて、応援する。応援することで感情報酬を得られるからだ。結果、時代を超えて長く愛される商品になる。

ＩＰ（知的財産）のキャラクターを使った商品だって、ブランドの例の一つだ。機能的価値での差別化ではなく、そのキャラクターのブランドを使って商品価値を上げている。好きなアーティストのライブで、タオルなどのグッズを購入する人は多いと思う。当たり前だけど機能的な価値にお金を払っているんじゃない。好きなアーティストを応援する、そこでの体験を思い出にする。そういうことにお金を払っているんだ。

商品だけじゃなくて、サービスだって同じことだ。たとえば、ホテルの選び方だって、便利さや部屋のきれいさだけじゃない。ホテルでの体験とホテルの思想に共感できるかも大切な要素だ。

全ての産業で、感情価値の重要性はどんどん増していくと僕は思う。

だからこそ、機能的価値だけではなく、背景にある自分たちの思想・哲学が大切だと思う。

人はより不合理に意思決定し始める

技術発展がもたらすもののもう一つの側面は、人の意思決定が合理性・論理によるものから、共感性・感情によるものにシフトしていくということだ。

人がより心の満足を求めていく中で、意思決定の方法も当然変わっていく。僕らが子供の頃は、合理的で論理的であることが大切だと教育されてきた。でも、これからは自分の心に従って意思決定をすることが大切になってくると思う。

それは、人によって正解が変わってくるということ。周りから見ると、不合理な意思決定に見えるけど、その人にとっては正解という意思決定が増えてくる。合理性や論理は誰にとっても正しいというものを導こうとするけど、ワクワクするもの、好きなものは人それぞれだ。だから、その人の感情で意思決定をするようになる。

"働く"ことも機能的価値から感情価値へ

会社を経営していて思うことは、人材が集まるプロジェクトや企業の特徴は、意義があるかどうかということ。意義こそが人を動かす。企業でいえば理念だし、プロジェクトも意義の明確化が必要だ。そして、その想いに嘘がなく、信じて働ける空気感が大切だ。意義に共感して働く時、人は感情的に満たされていく。

〝働く〟ことも、機能的・便益的価値から、感情価値へシフトしていると思う。給与や福利厚生などの機能的な価値ももちろん大切だけど、一定水準が満たされると、相対的にワクワクする感情価値の高いプロジェクトの方に人が集まるようになっている。

給与や福利厚生で判断すると、会社に残ったほうが合理的だけど、なんかワクワクしないから他の会社に転職するという人も増えていると思う。今は、フリーランスでもお金を稼げる時代になったし、起業もどんどん身近になっている。働き方の選択肢が増えてきた。会社が提供する機能的価値は、会社に所属しなくても得られるようになってきた。

これまで、社員と企業は機能的価値と引き換えに労働を提供する取引関係が多かったと思う。でも、働き方の選択肢が増える中で、社員と企業とのパワーバランスも関係も変わってきた。これは優秀な人材だけの話じゃない。より多くの人に選択肢が増えて、会社との関係を見直すタイミングになっている。

だから、プロジェクトのリーダーや経営者は、働く人の感情価値も大切にするべきだ。ワクワクするプロジェクトや、一緒に働いていて楽しい仲間とのつながり。そういう目に見えない報酬を大切にしている会社に人材は集まってくると思う。

心を中心とした関係性の再構築。それは、共感を元にした関係を生み出す。企業も個人もそれぞれが自立し、心でつながれる関係だ。ありのままの自分で、プロジェクトと人とがつながれる場所。それって本当に素晴らしい！

リーダーは自分の宝物を思い出そう

そのために、プロジェクトのリーダーや経営者、何かを始めたい人は、自分の心に従う勇気を持つことがスタートだ。人によって共感することは違う。みんなに好かれようとする必要はない。でも、自分の本心でスタートする必要はある。それが、共感を呼ぶからだ。

ワクワクとかドキドキとか、子供っぽいと言われるような青臭いこと。大人になって切り離してきた、麻痺させてきた自分の心を大切にしよう。説明できる建前じゃなくていい。理解されなくても、自分の宝物を思い出そう。

子供のようなワクワク感を取り戻していく。それが、人が集まる会社・プロジェクトを生み出す。だから、感情や心がビジネスの成功の鍵になるんだ。

「自分が切り捨ててきた感情や心はなんだろうか？」

2.画一的な価値観から、多様な価値観を認め合う時代へ

カラフルな自己表現の時代だ！

多様性の時代っていう言葉はすでになじみ深いと思う。僕たちの親の世代は、幸せの概念には大きな違いがなく、生き方の選択肢も今よりは少なかったのではないだろうか。これからの時代は、価値観のバリエーションが圧倒的に増えていく。

マズローの欲求5段階説の第5段階は自己実現だ。安心・安全などの低次の欲求が満たされると、自分の可能性を最大限に広げていきたくなる。自己表現の欲求が高まる。誰かの正解に自分を適合させていくのではなく、自分の生き方を表現する自己表現の時代になる。

一人ひとり価値観が違うし、色んな生き方があっていい。これからは、周りと同じ生き方じゃないほうが、社会的にも成功しやすい時代になってくる。人々が自分の色を表現する、カラフルな時代だ。

このシフトは速い。二次関数のようにスピード自体がどんどん加速していくと思う。

成熟期に起こる多様化。過去もそうだった

プロダクトライフサイクルという言葉を聞いたことがあるだろうか。

全てのプロダクトや産業には、人間の一生のように、導入期、成長期、成熟期、飽和期、衰退期というステップが存在していてそれを繰り返しているという理論だ。市場へ

の普及率を縦軸として考えると、それは全ての産業・プロダクトで同じような釣り鐘状のカーブを描く。

その視点で日本っていう国全体を見れば、日本はもう成熟期だ。実際、多くの産業が成熟期に入っているし、人口減少が経済に与える影響は大きい。ライフサイクルにはそれぞれのフェーズにおける特徴がある。成長期のキーワードは画一的な拡大。そして、成熟期に入った時のキーワードは〝多様化〟だ。

たとえば、アメリカの自動車産業もそうだ。成長期において、人々は〝便利さ〟を求めて、大量生産されたフォードの車を購入した。でも、成熟期に入るとゼネラルモータ ーズが人気になり、フォードは衰退する。なぜなら、ビネラルモーターズはフォードとは対照的に、車の形や色にバリエーションをもたせるフルライン戦略をとったから。これは顧客の「自分好みの形や色の車を購入することで、自分の世界観を表現したい」というニーズを満たしたのだ。

成熟期に入り機能的価値への欲求が満たされてくると、かっこよさ、人と違うものを求めるなどの自己表現欲求にシフトしていくというわかりやすい示唆だと思う。

だから、国全体が成熟期に入っている日本において、価値観が多様化していくのは必然だと思う。

自分らしさや自己表現に人々の意識がよりシフトしていく。

ネットが〝多様性〟への理解を深めていく

インターネットによって、世界中の人の情報をつぶさに見られるようになった。それも価値観の多様化をどんどん加速させる。

僕が子供の頃、インターネットはまだ普及していなかった。だから、自分の周りにいる人たちと、新聞やテレビ、本や雑誌などが世界の全てだった。親や学校の先生、メディアが言っていることが正解だと思っていた。

でも今は、ネットを見れば、世界には色んな人たちがいることがわかる。親や学校の先生やテレビが言っていることと真逆のことを言う人もいる。色んな価値観や色んな生き方があっていいんだって思える。そして、自分と同じ価値観を持つ人とつながることだってできる。

もし、リアルな人間関係の中で、自分の価値観が否定されても、世界のどこかには自分の価値観に共感してくれる人がいるかもしれない。だから、狭い世界の価値観に自分を合わせていかなくても大丈夫になってきた。

それだけでなく、色んな人の価値観に触れる分、自分の価値観を考えるようになる。共感すること、共感しないことが生まれる。それが自分の好きなことを見つけさせてくれる。

ネットの価値は情報やつながりを得られることだけじゃない。さまざまな価値観を理解する力を育んでくれることだ。そして自己表現の機会をくれることだ。だから、多様な価値観を人々がより受け入れられるようになるんだ。

幼少期の体験による価値観のシフト

好きなもの、正しいことなどの価値観の多くは子供の頃に作られる。若い時に好きなものは、大人になっても好きだ。だから、10年、20年先を見据えてビジネスをやるなら、若い世代に好かれるものを作り、強いＩＰ、ブランドを作ることは戦略として重要なことでもある。

逆にいえば幼少期に体験するもので、価値観は変わってくる。

今の子供たちは、当たり前のようにインターネットでさまざまな情報に接している。赤ちゃんの頃からYouTubeを見ているデジタルネイティブ世代だ。彼らは、世界中のさまざまな価値観に触れている。

だから、色んな価値観があっていいっていう感覚が当たり前に染みついている。彼らが大人になる頃には、今よりもっと、人々は多様な価値観を受け入れられるようになる。

さらに、成熟期には商品・サービスも多様化して、子供の時に味わう体験も人によって変わっていく。

ゲーム体験も〝攻略〟から〝自己表現〟へ

たとえば、ゲームっていうコンテンツ一つとってもそうだ。ゲームの遊び方も、プレイの仕方もどんどん変わってきている。ゲームは子供の頃に味わう強烈な体験の一つだから、価値観の醸成にも強く影響してくる。

僕が子供の頃はRPGがゲームの主流だった。「ドラゴンクエスト」や「ファイナルファンタジー（FF）」などの本格派RPGが次々とリリースされ、発売日前日からお店には長蛇の列ができ、社会現象となった。僕自身もワクワクしながらゲームをしていた。

その時代のゲームの特徴は、目的がしっかりと与えられていたということだ。「ドラクエ」だったら「魔王を倒して世界を平和にする」っていう目的だし、「ファイナルファンタジー」はシリーズによって異なるが、〝ボス（倒すべき存在）〟がいた。

誰がプレイしても、ゲームのゴールは同じだった。だから学校での会話は、どうやったらボスを倒せるかとか、どうやったら効率的にレベルアップできるかという〝攻略方法〟の話がメインだった。

ゴールは与えられていて、やり方を最適化するという価値観は、僕らの世代には強く刷り込まれていると思う。

でも、今の時代はゲーム自体が変わってきている。目的が与えられていないゲームが増えたし、人気だ。

たとえば、「マインクラフト」というゲームをご存知だろうか。「マインクラフト」は、累計販売本数が1億7600万本を超えており、世界でもっとも売れたゲームソフトになっている。これは、ユーザーがブロックを使い、自分の好きな建物を作ったりしながら自由に生活していくっていうゲームだ。明確な目的は与えられていないし、自分で目的を設定しないと楽しめない。遊び方や目的をユーザーが設定していくのだ。

「フォートナイト」という、世界で累計登録プレイヤー数が2億人を突破した人気ゲームもある。最大100人のプレイヤーが小さな島で戦っていくゲームだ。バトルに勝つという目的は与えられているものの、バトルではなく一緒にダンスをするユーザーもいれば、作った車に敵を乗せてサポートしたりするユーザーもいる。バトルロワイヤルの中で、色んな遊び方ができるようにしている例だ。

どちらの例も、決められた目的を効率的に攻略していくのではなく、自分らしく自由に目的を設定しながら、遊んでいく。遊び方や目的の設定の仕方それ自体を楽しめるんだ。**ゲームの遊び方が〝攻略〟から〝自己表現〟に変わってきている。**

ゲームを例にしたが、他のエンタメも自己表現欲求を満たすものへシフトしている。それは、体験する人々へも影響を与えていく。特に若い世代への影響は大きい。

だから、**人生自体が〝攻略〟するものから〝自己表現〟するものに変わっているんだ。**

多様化する時代、万人に迎合しなくていい

多様化が進む時代は、万人に好かれようとしないことが大切だ。

一人ひとり信じるものや正しいと思うものは違う。共感するものも人によって違う。だから、ビジネスでも誰からも「（そこそこ）いいね」って言われることより、熱狂的に共感される何かが大切だし、そのほうが成功の可能性が高い。尖った価値観でも、共感する誰かとつながれる時代だ。

それは、あなたの人生においても同じだ。人生の正解は与えられてない。だから、あなたの人生を、見えない誰かや、世の中に合わせる必要はない。自由に自己表現していいんだ。自分の価値観や感情に向き合って、自分の人生を自分で創造する時代なんだ。

3. 透明性の加速。DoingからBeingの時代へ

SNSやインターネットによって情報の透明性は劇的に上がってきた。だから、嘘が見抜かれる、何も隠せない時代になってきた。企業がどんなに素晴らしい広告を作っても、実態が伴っていなければ、見透かされる。会社の内情だっていつでもオープンになる時代だ。

だからこそ会社やチームは、やっていることだけじゃなく、在り方まで大切にする必要があると僕は思う。

アカツキでは「Doingだけじゃなく、Beingも大切だ」という表現をしている。

創業2年目に描いた図「Doing（右）とBeing（左）を大切にしよう」と話し合っていた

Doingは行っていること、事業・サービス。Beingは自分たち、組織やチームの在り方だ。全てが透けて見える時代だからこそ、事業だけでなく、企業の在り方まで一貫性があることを、すごく大切にしている。

たとえば、ワクワクを大切にしようって言っている僕が、社内ではずっとイライラして、つまらなそうにしていたらどうだろうか。もし、パワーを使って社員に発言を許さなかったらどうだろうか。DoingとBeingに矛盾がありまくりだ。社内の雰囲気はメンバーにも伝染し、採用もきっとうまくいかない。働いている人がイライラしている会社に入りたい人はいないと思う。採用候補者を説得するより、今いる社内のメンバーが楽しそうに働いているほうが大切だ。それに、社内のチームが僕の顔色をうかがってモノづくりをしていたら、面白いものはできないと思う。

ブランド価値が大切という話をしたけれど、ブランドこそBeingが大切。外側の見た目だけじゃ作れない。アップルの「Think different.」だって、ジョブズの在り方とセットだから、意味がある。

逆にいえば、本当の想いは広がる可能性が大いにある時代だ。コストをかけてテレビCMを流さなくてもブランドや共感は生まれる。力を使って表向きを取り繕うことはもう必要ない。

だからこそ、自分たちの内側の真実・想いを大切にしよう。自分たちの在り方を問い、見つめよう。何をやっているかや、外側だけが重要だと思い込んでた時代から、在り方や内側の想いが重要な時代に変わったんだ。Doingだけじゃなく、Beingという軸も大切にする在り方の時代なんだ。

iii これからの世界の可能性〜ハートドリブンな世界へ〜

これまで、三つの世界の変化について触れてきた。心が中心、多様な価値観、在り方の時代。この変化は、ビジネスでの成功において重要な要素も大きく変えていく。ビジネスにおいて大切だと思うこと、この世界の変化を踏まえて僕がたどりついた経営スタイルに関しては6章にまとめたいと思う。

ここでは、三つの変化がもたらしてくれる、これからの世界の素晴らしい可能性とエンターテインメントの力について伝えたい。

自分の愛を自由に表現する世界の可能性

一人ひとりが色んな生き方を選べる。そして幸せの根幹である〝心〟を大切に生きていける時代。

アカツキではこれからの時代の可能性を、「“A Heart Driven World.”〜ハートドリブンな世界へ〜」という表現で示している。

「ハートドリブン」という言葉は聞き慣れないかもしれない。一言でいえば、人々が自分の内側のハートを原動力に活動をしていくことである。

「ドリブン」の対義語は「インセンティブ」だ。「ドリブン」は原動力、「インセンティブ」は誘因。誘因は人を動かすのに使うもの。それはお金や地位だったりする。経営や組織論でも、インセンティブっていう言葉が使われることは多い。

でも、極論、馬の鼻先にニンジンをぶら下げるように、目の前に〝エサ〟を提示して人を動かすようなものだ。その人は本当に幸せなのだろうか。それで継続的で社会的な価値が作れるのだろうか。

インセンティブにはリソースが必要だ。お金や地位など、何かの対価である。それは有限な報酬だ。報酬が有限だと、奪い合いになる。誰かが不幸になった分だけ、誰かが幸せになる。他人がお金や地位を得られないなら、自分がそれを得られる可能性が上がるからだ。

経済も昔はゼロサムゲームでシェアを奪い合う競争戦略だった。だから相手を倒すという文脈が強かった。でも今は、イノベーションによって市場自体を創出し、大きくしていく考え方にシフトしている。

限られたリソースを奪い合う時代は終わりだ。内側の感動や感情には、リソースに制限がない。無限大に生み出せる。自分がワクワクすることをやっているから、結果がどうであれ、やっている時点で幸せだ。外側から何かを与えてもらう必要なんてないんだ。感情報酬という報酬をもらっているからだ。

だから、ハートを原動力にする活動は、無限の幸せを生む可能性がある。そして、ハートドリブンに活動することは、他の人を幸せにすることにもつながる。

心の扉を開けた先には、愛がある。人は、自分の心につながった時、奥底では他人を不幸にしたいなんて思っていない。そう思う時は、他人が不幸になることが自分の幸せの可能性を上げるっていう思考がそうさせているだけ。ただ、不安なだけなんだ。でも、これからの世界では、そのロジックも変わってくる。ハートドリブンに生きる時、その姿は共感を生み、世界をもっと輝く場所に変えていく。

外に正解がなく、自分の心の中に答えがある時代。だからこそ、子供の時には感じていた、でも、大人になって忘れてしまったあるがままの姿を思い出そう。世界は全部遊び場だ。つながりと安心を感じながら、世界がキラキラして見えていたあの頃に戻ろう。それは、自分の本当の可能性を目覚めさせる。

誰もが忘れていたものを思い出し、ワクワクしながら自分の愛を輝かせて、自己表現を楽しむハートドリブンな世界。

僕のことを夢想家だと言う人もいるけど、三つの変化はこんな世界の可能性を示している。

僕たちアカツキは、そんなハートドリブンな世界で、みんなで生きたいと願っている。

エンターテインメントの可能性

僕らにとってのエンターテインメントの定義は、「人の心を動かす素晴らしい体験」

だ。

楽しんでもらうってことはもちろん大事だけど、エンターテインメントの価値は単なる〝娯楽〟を超えていると僕は信じている。

だって人の心を動かすんだ。喜怒哀楽全ての感情が動くんだ。

心が動くことで、その人の内側が変わり、世界の見方が変わり、行動が変わり、人生が変わっていく。一つの音楽、一つの映画、一つのゲームで、人生が変わった人はたくさんいると思う。自分の好きなもの、もしくは嫌いなものに気づいたり、大切なものを思い出したりする。エンターテインメントの本質は、進化と可能性だ。感情を揺さぶり、さまざまな気づきで、人の内側を進化させていく。その結果、人生の可能性が開いていく。

その可能性を信じて僕らは仕事をしている。

エンターテインメントを通して一人ひとりの人生をカラフルに色づけていくこと。それがハートドリブンな世界への鍵だと思っている。そして、自分たち自身の在り方もそうでありたい。Being でも世界に影響を与えたい。

だから、僕らはハートに従ってピュアに挑戦し続けていくし、そんな新しい世界をみんなと一緒に楽しみたいと思う。

iv これからの世界で大切なことは内側にある。魂の進化

これからの時代は不安もある

1章の最後に、これからの世界で僕が一番大切だと信じていることを分かち合いたい。

これからは、外側の社会に適合して生きる時代は終わり、一人ひとりが自分の心や感情を大切にしながら生きる時代になっていく。素晴らしい可能性がある一方で、正解がない世界だから、不安で怖い人も多いと思う。特に、子供の頃から正解があると教えられた僕らの世代はすごく怖いと思う。

誰かが決めた指標や、ものさしが機能しなくなる。誰かの正解じゃない、自分の正解へ挑む勇気が求められてくる時代だ。

だからこそ、自分の心の中にある大切な何かにつながる必要がある。じゃないと、自分の人生は糸の切れた凧のようにフラフラ流されて不安の中を進んでいくことになる。

感情を鍵に、心の扉を開こう

必要なことは、「感情を鍵に、心の扉を開く」ことだ。

自分の心の奥にある大切な想いとつながること。あなただけの大切な宝物を思い出すことだ。ビジネスのチームであれば、自分たちが仕事をしている意味を思い出すこと。チームがここに集まっている理由を思い出すことと同じだ。

それは〝思考で作るもの〟じゃない。〝感じることで思い出すもの〟だ。

思考はよく自分に嘘をつく。自分を無理やり納得させる。でも、感じる世界には真実があるんだ。

僕たちは大人になるにつれて、思考に支配されがちになる。思考自体はすごいパワーを持ったものだ。でも、大人の世界では、思考だけを大切にして、感情は切り捨てられる。感情はコントロールして、抑えるものだと教えられる。なぜなら、ビジネスや、大人の世界では、感情は〝無駄なもの〟だとされてきたからだ。

そして、気づくと自分の好きなものすらわからなくなってしまう。子供の頃は、好きか嫌いかなんて考えるまでもなくわかっていたはず。**志とは〝心指し〟だ。**心が指し示している方向のことだ。ワクワクといった感情を丁寧に見れば、心は自分の進むべき道を教えてくれる。

多くの人は、自分の感情を丁寧に扱っていない。扱い方も知らない。だから、心の声が聞こえない。心の声は、すごく小さいから、意識しないとすぐ消えてしまうんだ。

あなたは最近、自分の心の声に静かに耳を傾けた時間がどれくらいあるだろうか。

インサイド・アウト。内側を変えて、外側を変える

「感情を鍵に、心の扉を開く」ことは、好きなものを見つけることだけを意味している

んじゃない。

感情を丁寧に扱う中で、自分の内側を成長・進化させて、新しい可能性を開くことも意味している。自分の内側が変わると、世界の見方が変わる。結果、自分の行動が変わり、外側の世界も変わっていく。

僕らはいつも外側にばかり目を向けがちだ。外側や環境を変えようとするけれど、自分の内側には無頓着だ。僕自身、世界を変えようと頑張ってきた。世界を、環境を変えることばかり気にしていた。それしかやり方を知らなかった。

でも、僕自身の起業の旅で気づいたこと。世界を変える順番は、〝内側から外側へ〟だ。

成功哲学の本として大ベストセラーの『7つの習慣』（スティーブン・R・コヴィー著）では、それを「アウトサイド・インではなく、インサイド・アウト」という表現で示している。

アウトサイド・インとは、全ての問題は自分の外にあり、結果を出すためには周囲を変える必要があるという考え方だ。

《アウトサイド・インのパラダイムに従った人は、おしなべて幸福とは言い難い結果となっている。被害者意識に凝り固まり、思うようにいかないわが身の状況を他の人や環境のせいにする。（略）
問題は「外」にあるとし、「向こう」が態度を改めるか、あるいは「向こう」がいなくなりさえすれば、問題は解決すると思い込んでいる》

一方でインサイド・アウトとは、その真逆の考え方だ。

《インサイド・アウトとは、一言で言えば、自分自身の内面から始めるという意味である。内面のもっとも奥深くにあるパラダイム、人格、動機を見つめることから始めるのである》

『7つの習慣』でいうパラダイムとは、物事の見方だ。世界を、外側の環境を、どう見るかということだ。

人は全ての物事を自分の見たいように見ている。だから、世界を変えるためのスタートは自分の「パラダイム（物事の見方）」を変えること。そのために重要なのは、既存の見方で外側の環境に文句を言うのではなく、自分の内側を丁寧に扱うことだ。

インサイド・アウトとは、成功者の多くが持っている、成果と幸福を両立する考え方だ。

自分のOSをアップデートする。魂の進化

パラダイムは、頭で考えて、無理やり変えていくのは難しい。一時的に思考によって変えても、またすぐに戻ってしまう。

無理して考え方を変える必要はない。自分の感情を丁寧に扱い、意識的に生きていくこと。それが内側の進化を促して、結果として見方を変える。

パソコンでいえば、オペレーティングシステム（ＯＳ）をアップデートするようなものだ。

自分の内側にある基本のシステムのバグを修正して、バージョンアップする。ＯＳが変わると、パラダイムが変わる。行動も発言も、在り方がどんどん変わっていく。

経営者、起業家、リーダーは、自分の内側が変わると、自分の在り方が変わり、会社、組織が大きく変わっていくことを体感していると思う。

自分の内面を進化させ、アップデートすること。僕はそれを「魂の進化」と呼んでいる。

自分の中にある根源的な欲求につながっていく。自分が忘れてしまった、この人生で大切にしたいこと、表現したいことにつながっていく。自分の中にある深い愛に気づき、それをどんどん強く大きくしていくということだ。

葛藤の中でも歩んでいこう

内的成長と進化はすごく大切だけど、感情を丁寧に扱うことは現実社会では難しいと思う。

なぜなら、思考を超えて感情につながるには、たくさんの障害が存在するからだ。その障害には、環境が持つ罠もあるし、過去の経験や観念からくる思い込みもある。僕は、この思い込みを〝モンスター〟と表現している。観念のモンスターは、自分の中で、色んなことをささやいて、その人の進化を阻んでしまう。

たとえば、僕の中の、特に強い観念のモンスターは、「価値を出せない、期待に応えられない自分は、愛されない。存在してはいけない」という思い込みだった。だから、人にも頼れなかったし、弱みを見せられなくて、本当に苦しんだ。

この本では、僕の物語を分かち合いながら、これからの心の世界で大切な魂の進化と、モンスターについてお伝えしていきたい。

2章は上場する前、3章は上場してからの物語を書いていく。

物語の中で、僕自身のたくさんの苦しみと葛藤、そして、感情を鍵に心の扉を開く歩みを全てさらけ出そうと思う。恥ずかしい話もたくさんあるが、勇気を持って分かち合いたい。

その中でたった一人の愛が全てを変えてくれるという奇跡、一人の人の影響力の大きさ、目の前の人をただ無条件に愛せる人の強さを僕は知った。

それが、アカツキという会社の進化にどれだけ寄与してきたか、ビジネスの側面での影響も話したい。アカツキの成長の裏には、見えない魂の進化があった。そして、それが僕自身の人生も大きく変えてくれた。

それでは、ここからはしばし、僕の起業の旅におつきあいください。

CHAPTER 2

僕自身の起業の物語

苦しみの中で光を信じて走る最初の旅

葛藤を癒すもの。全てを解決するもの。
それはたった一人の愛情なんだ。

i　スタートは父親の死。悲しみの中でも笑っていた自分

僕は大学生の時に、偉大な〝幸せ企業〟を作るって決めた。

当時はスタートアップっていう言葉は今ほど一般的ではなかったし、起業が身近な世界でもなかった。

それでも起業しようと決めた理由は、大きく分けて二つあった。

一つ目は父親の死だ。僕が中学1年生の時、37歳だった父親が肝臓ガンで死んだ。父親は弱音を吐かない人だった。入院中も大丈夫って言っていたし、手術もうまくいったと聞いていたから、突然深夜に病院から電話で呼び出されて、もう無理かもしれないって言われた時は、驚きを通り越して現実を受け入れられなかった。父親が死んだ悲しみと、これからどうなるんだろうかっていう不安の中にいた。でも、親族からは、「元規が長男なんだから、これからは父親の代わりに頑張りなさい。お母さんを支えなさい」って言われた。だから、次の日から休まず学校に行ったし、学校の先生が僕の父親のことをクラスで話している時も、笑顔で耐えていた。悲しみの感情は抑えて、長男として

頑張ると決めた。その時から、僕の中には多分、なんでもちゃんとする、人より努力するっていう観念ができたんだと思う。でも、その分、誰かに甘えたり、頼るのが苦手になった。

そして、父親の死を受けて、人は本当にいつ死ぬかわからないんだなってことを痛感した。当たり前だけど、人生は有限だ。僕の場合は、自分が父親の享年である37歳を超えて生きられるイメージが全く湧かなくなった。父親の死によって、僕は「自分の命って何に使うんだろうか?」とか「自分はそもそも何がやりたいんだろう?」と考えるようになった。それは自分の人生を大切に扱うチャンスをくれた一方で、自分の人生において何かを残さないといけないという焦燥感も生まれた。そうしなければ、自分には生きる価値がないと思うようになった。

ii ハッピーカンパニープロジェクトでの出会いと見えた夢

二つ目は、大学生の時のハッピーカンパニープロジェクトでの出会いだ。自分の人生は限りあるものだと思っていた僕は、起業とかベンチャーっていうものに興味を持ち始めていた。僕は工学部だったんだけど、経営の勉強もしようと思って、経営学部の授業にも勝手に潜り込んでいた。ある先生の授業で、世の中には働いている人が幸せな上に成長している会社と、全く逆の会社があるよねという話があった。僕は電車の中で疲れ切って苦しそうな社会人をたくさん見ていたし、一方でそうじゃないパワフルな大人たちにもたくさん出会ってきた。幸せそうな会社とそうじゃない会社で、何が違うんだろうか。その問いの答えがどうしても知りたくなった。そこで学生団体としてハッピーカンパニープロジェクトを友達と立ち上げた。

幸せ企業の経営者が教えてくれた、一番大切なこと

ハッピーカンパニープロジェクトでやることはシンプルだ。長期成長していて、顧客も社員も幸せそうな会社を僕たちで勝手に選んで、その会社の社長に「会社とは何か？　人生とは何か？　どんな哲学で経営しているのか？」をインタビューする。そして、幸せな会社は何を大切にしているかを分析することだ。

もちろん、経営者の知り合いなんて全然いなかったから、幸せそうな会社を見つけたら、直接そこの代表番号に電話をして、「社長を出してください！　僕たちは話が聞き

たいんです！　悩んでいるんです！」ってお願いをする。当然、大半は門前払いだけど、その後も手紙を送ったりして諦めずにいたら、十数社の社長が僕らと直接会って質問に答えてくれた。

その時に経営者の方々に聞いたことが、僕の経営者としての土台、アカツキの土台にもなっている。

千葉にある化粧品会社のおじいちゃん経営者にこう聞かれた。

「企業とは何か、知ってるかね？」

僕は、わからなかったから、Wikipediaで調べて、「利益を目的にした社会的な集団」と書いてあるそのままを答えた。

「じゃあ利益とは何かね？」

僕は、「……えっと、お金ですか？」と答えた。今、思い返すと、これじゃ何も答えていないに等しいと思う。お恥ずかしい。

「企業がサービスや商品を提供して、お客さまはそれには価値があると思ってお金を払う。だから、企業は価値を提供してお客さまを笑顔にしたり喜ばせたりした分だけ、売上が上がる。売上とは世の中に提供した価値の総量なんだ。だから、利益とは、売上のために、社会のコストを使って生み出した付加価値だよ。企業の役割とは、世の中に価値を提供すること、そして、それは一人じゃできないからみんなが集まってやるんだ」

（なるほど、会社って素晴らしいものなんだなぁ。では、社員が幸せな、素晴らしい会社とはどういう会社なんだろうか）

「素晴らしい会社の定義で大切なことは、たった一つだ。それは『雰囲気がいい会社』だ」

（ん？　なんかすごい簡単そうだ。僕でもできそうだぞ）

「ビジネスモデルとか戦略とかそういうことじゃないんですか」

僕は聞いた。

「ビジネスモデルや事業内容はいつか変わる。なぜならお客さまの求めるものも変わってくるからだ。でも変わらないことは、企業っていうのは人が全てだっていうことだ。いい会社にはその会社の文化がある。哲学や信念がある。それを社員と共有している。そして社員は働くことを楽しんでいる。そこにはいい雰囲気が流れるんだ。会社を測る時は、目に見えやすいビジネスモデルや数字じゃなくて、雰囲気などの目に見えないものが一番大切なんだ。経営者の仕事は、目に見えないものに気づき、それを育める環境を作ることだよ」

ものすごくすてきだ。ただただ感動した。

もう一つ、僕は質問した。

「最後に、人生ってなんですか？」

「塩田君、人生に何かゴールがあると思ってないか？　何かを手に入れたり、達成したら幸せで、そうじゃなければ不幸せだと思ってないか？　たとえば、いい大学に入って、いい会社に入ったら幸せだと思ってないか？　ゴールや目標はもちろん大切だ。でも、それは今この瞬間をより楽しみ、味わうためにあるんだ。

人生は旅のようなものだ。目的地を見据えながら、道を間違えたっていい、道中を楽しんでいくんだ。そして、**人生の目的は、何かを手に入れることじゃない。自分自身の器と可能性を広げていくこと、より大きな自分に出会うことだ。**それを意識の成長って私は呼んでいるが。自分が死ぬ時は、卒業証書をもらうようなものだ。どれだけ大きな自分になっているかが大切だよ」

ハッピーカンパニープロジェクトで多くの経営者にお会いした時間は、僕の宝物になった。

自分の心が震えているのがわかった。話を聞きながら、涙してしまうこともあった。僕は、自分の夢を見つけた気がした。自分がもし37歳で死んだとしても、その後に残したいものが明確に見つかった気がした。

最高に人が輝いて、ワクワクして働いている組織。そして、僕が死んだ後にも、世の中に価値を提供し続けていく偉大な幸せ企業を作ろう！

そして、今思うと、当時出会った経営者の方々のメッセージは、「見えないものを大切にする、内側の成長が大切だ」っていうことだった。この本のメッセージと同じだったんだ。

iii　明確になった夢。決めた覚悟。とにかく努力!!

〝幸せ企業〟を作るっていう夢を決めた僕は、飛び級をして合格をもらっていた理系の大学院に行くのを辞退して、経営の勉強をしようと一橋ビジネススクール（ＭＢＡ）に行った。ＭＢＡは社会人経験をしてから目指すのが基本だから、大学卒業後、直接行くのはマイノリティだった。だから、とにかく人より努力することを決めた。当時の睡眠時間は３時間、週７日毎日勉強していた。とにかく問いの本質を考え続ける訓練をした。

そして、成功者の成功法則の本を読みまくった。成功している人のマインドを理解してインストールした。結論、とにかく諦めずに努力し続ければいい、どんな時もプラス思考で乗り越えればいいんだって思い込んだ。

一橋ビジネススクールに行っていた時の僕に、二つの出会いがあった。一つは、ソフトウェアメーカーのワークスアプリケーションズのインターンシップで、のちにアカツキの共同創業者になる香田哲朗と出会ったことだ。僕と哲朗はこの学生の頃から、起業について語り合ったり、ベンチャーを立ち上げたり、ビジネスプランコンテストに出まくったりしていた。僕と哲朗はもう13年も一緒にいる。哲朗との出会いは、僕の人生にとってとても大切なものの一つだ。

南場さんとの出会い。力の重要性

もう一つは、DeNAの南場智子さんとの出会いだ。この出会いがきっかけで、僕は新卒でDeNAに入社することになる。

それは、DeNAの事業を分析して次の一手をプレゼンするというMBAの授業で、僕は「御社の『リサイクル・リユースで世界をよくする』というビジョン、ミッションを実現するためには、他の事業はやめて、モバオク事業一本に絞ってグローバル展開すべきだ」と熱弁を振るった。その時、最初に南場さんに言われたことは、「あんたコンサルみたいで嫌い（笑）」だった。南場さんだって、コンサル出身なんだけど（笑）。多分、僕はＭＢＡで戦略をちょっとわかった気になって偉そうだったんだと思う。
そして、「ビジョンも大切だけど、まず会社には力が必要。ビジコンだけ言っててもダメ」と言われた。

僕はその時、正直すごく悔しかった。でも、その後、渋沢栄一について勉強していた時に、彼の言葉から、南場さんに言われたことを理解した。みなさんは「義利合一（ぎりごういつ）」という言葉を聞いたことがあるだろうか。「義」は大義、つまりビジョンや理念を指す。「利」は利益のこと。つまり、「大義と利益、その一見、二律背反することを統合するのが経営者の仕事だ」というのが、渋沢栄一のメッセージだ。

「義利合一」と同じような言葉はたくさんある。

少林寺拳法にも「力愛不二（りきあいふに）」という言葉があって、「愛なき力はただの暴力であり、力なき愛はただの妄想である」というような意味だ。本田宗一郎も「理念・哲学なき行動（技術）は凶器であり、行動（技術）なき理念は無価値である」と言っている。

夢を追いかけても、それを実現するための力が僕にないと、ただの夢想家で終わってしまう。DeNAは本当に優秀な人が集まっていた。みんなロジカルで超絶頭がいい。

この環境の中で成果を出せれば、きっと胸を張って起業する夢に向かっていける。そう思って、僕はDeNAに入社した。

iv　力を求めて、DeNAで戦い続けた自分

入社して1年目、僕はモバゲーの広告営業をやった。最初の3カ月は全く結果が出なかったけど、とにかく誰よりも働いた。深夜に日報を提出して、一旦帰宅して2、3時間寝てすぐ出社。会社にもよく泊まっていた。お風呂も入らないので臭いし、スーツもよれよれ。でも、それくらい必死に働いた。だって、周囲の人より早く力をつけたかったから。僕はロジカルで頭がいいDeNAの他のメンバーには絶対に負けたくなかった。

その頃の僕にとって力をつけるっていうことは、とにかくロジカルに合理的に意思決定すること、そして決めたことを誰よりも早くたくさんやることだった。全般的にロジカルな人が多かったっていうのもあるけど、合理性の世界で戦うという思考が強くなっていった。だから、自分の在り方になんて全く関心がなかったし、とにかくDoingだけにフォーカスした。どうやれば効率的に成果が出せるかを考えて、How toだけ考え

た。徹底的に本を読み漁って、仕事で役立ちそうな戦略や営業のノウハウなど、成果が出そうなやり方を勉強した。

とにかく力を求めた。人と同じベクトルで、人より自分が優秀であるように頑張った。

そのおかげで、成果も出た。

DeNA1年目の後半には、当時最年少で営業マネージャーに抜擢してもらって、チームを率いるようになった。2年目には約20人の部署のマネージャーをやらせてもらい、さらにディレクターとして事業部の戦略なども考えさせてもらっていた。

そして、3年目に入り、僕はDeNAを退職し、起業することにした。

もともとDeNAに入社した時から3年で退職し、27歳には起業しようと思っていた。ディレクターの任期も終わり、タイミングもよかった。

DeNAでの3年間は本当に濃い経験をしたと思っている。自分の能力を上げていく、力をとにかくつけていく日々で、自分のできることが増えていき、成果が出ることがものすごく楽しかった。何より、超絶優秀なメンバーたちの中で自分も結果を出せて、あれだけ努力ができたってことが自信につながって、僕は起業しても大丈夫だと思えたことは本当によかった。

残って最高にでっかい会社にしていくことも考えたし、DeNAの社長を目指そうかとも一人で勝手に悩んでいた。でも、僕がDeNAに入ったのは、「義利合一」を実現するためだ。夢を口先だけじゃないものにする、実力を得るためだった。DeNAには本当に感謝しているし、今でも愛している大好きな企業だけど、自分の信念と思想を忘れちゃダメだ。大学生の頃、ハッピーカンパニープロジェクトで感動した、目に見えないものを大切にする幸せ企業を作る理想は自分の中にしかない。それを信じて生きるんだ！

そう思って、僕は起業の道を進むことにした。

V　そして、起業。とにかく全力で走ればいい

2010年、僕は哲朗と一緒にアカツキを創業した。当時、僕が27歳で哲朗が25歳。哲朗は、大学院卒業後、コンサルティングファームに勤めていたけど、久々に飲みに行

ったら彼の表情は暗く疲れ切っていた。思わず「死んだ魚みたいな日になってるぞ、大丈夫か？」と心配するのと同時に「今が哲朗を誘うチャンスだ」とも思った。そして彼にソーシャルゲームでの起業を相談して、アカツキを一緒に立ち上げることになった。

僕は営業だったから、ゲームの開発経験なんてもちろんゼロ。それでも、僕自身、ゲームが大好きだったし、モバイルの可能性を信じていた。スマホが急速に普及している今なら、2、3人で作ったプロダクトが1億人に届くかもしれない。そんなことにワクワクした。

でも、起業当時の貯金はゼロ。今思えば貯金なしで、よくDeNAを辞めたものだと思う。それに、当時はリーマン・ショックの後で、ベンチャーキャピタルって本当に存在するの？ っていうくらい資金調達も難しい時代だった。僕らは創業のための融資を受けるべく、金融機関を回ったけど、当時の僕たちにお金を貸してくれるところなんてなかった。

親には心配かけられないし、頼ると自分が甘えてしまうと思っていたから、知人に相談して回った。結果、二人の知り合いの方が僕らを信じて400万円を貸してくれた。すごくうれしかった。DeNAを辞めて何もない僕らを信じてくれた。自分自身、人から信用されてお金を貸してもらえる生き方をしてきたのかなと思えた。でも、この40万円は当時の僕には大金すぎて、本当に返せるんだろうかと不安でしょうがなかった。

会社を辞めると社会的な信用もなくなり、オフィス用の部屋を借りるのも難しかった。だから、哲朗がルームシェアをしていたマンションのリビングで、僕たちはアカツキをスタートした。

僕は過去のありとあらゆるゲーム作品を分析し、その中の成功ロジックが何なのかを抽出し、ゲームの企画を立てた。そして、シナリオ、イラストのディレクション、ゲームデータの制作を一人で回した。

哲朗ともう一人のエンジニアは、プログラムとデザインをやる。3人しかいない状態で、アカツキ最初のゲーム制作がスタートした。

ゲーム開発の経験がない中、なんとか頑張ろうとしていた矢先、哲朗が草野球の試合で右手を骨折。僕は哲朗の怪我の心配どころではなく、「左手でプログラムを書け！」とブチ切れた。今から思えば、本当にひどいやつだ。哲朗は手術後すぐに左手でプログラムを書いていた。本当にめちゃくちゃな船出だったと思う。

創業当時のアカツキ。哲朗のマンションで寝泊まりしながら仕事していた頃

起業は、本当に何もないところからのスタートだった。

でも、僕らには助けてくれる友達もいたし、若いから体力もあった。そして何より、夢があった。

僕らは創業時から次の三つを夢としてスタートした。

「戦後の焼け野原から立ち上がって日本を支えた、ソニーやホンダのようなビジョナリーな会社になる」

「100年以上、世界をワクワクさせ、世界を変えるサービスを生み出し続ける熱い組織を作る」

「メンバーを含めたステークホルダーのみんなが充実して幸せで、長期的に成長する〝幸せ企業〟になる」

そして、僕らは素人ながら3カ月の爆速で開発したゲーム「育てて☆マイガール」をリリースする。これは、クイズで赤ちゃんを育成するゲームだ。企画が良く、ユーザーにはかなり好評をいただいたんだけど、僕らの能力が足り

なすぎて不具合が連発。子供を育てるゲームなのに子供がいなくなるバグ（障害）が発生したり、そのバグが解消したと思ったら、育てていた子供が別の子供に入れ替わってしまう問題も起きた。今思えば恥ずかしいくらい、力が足りなかった。毎日、５００通くらい問い合わせメールが届き、「私の子供がいなくなったんですけど」というメールもいただいた。不具合は解消できたけど、そのメールに返信しながら、僕は開発以外の全ての作業を担って、ずっと会社に寝泊まりしていた。日曜日の夜だけ自分の家に帰って、自分のベッドで寝る生活だった。時間に追われ食事をコンビニに買いに行く時も走って行っていた。

僕も哲朗も半年くらいは給与ほぼなしでやっていたのに、半年後の年明けには会社の貯金が10万円しかなくなった。ベンチャーにはよくある話だけど、アカツキの1期目はまさに生きるか死ぬかの日々だった。でも、諦めるっていう選択肢は、最初に諦めていた。覚悟を決めていたから、やるって決めたことをやればいい。肉体的にはしんどいけれど、走ればよかった。この頃は、自分の内側にある感情を見る時間なんて全くなかった。それはある意味で、楽だったと今になって思う。

vi 力に縛られた自分に気づく。大切なものを思い出す

哲朗に怒られて気づく、自分の行動の変化

アカツキを創業し壮絶な1期目を越えて、2期目も僕は走り続けた。

人より一歩前へ、1円でも多く稼ぐ。それは、せっかくアカツキに来てくれたメンバーを守りたかったし、夢があったからだったはずなのに、気づけば力と合理性に縛られて、自分の感情なんて全部切り捨てていた。とにかく生き残る、勝つっていうことだけに意識が集中して、大切なものを見直す時間なんてなかった。

その中で、初めてメンバーが辞めた。もともと知り合いでアカツキに参加してくれたメンバーではなく、初めてちゃんと採用したメンバーだった。当時はマンションの一室がオフィスで、働く環境もよくなかったのに、よく入社を決めてくれたなぁと思ってい

る。でも、当時の僕は、そのメンバーが辞めると聞いた時、自分が必死になって作ってきたアカツキの全てを否定された気持ちになってしまった。アカツキにいる他のメンバーは、僕の友達だからいてくれてるのかな。友達じゃない人にとっては、アカツキっていう会社は誇りを持てない場所なのかな。アカツキが否定されて、自分自身の存在も全て否定されたような気がした。

だから、もっと頑張っていい会社にしなければと、自分を追い込んだ。

その結果、僕は毎日イライラして、嫌なやつになっていった。

DeNAで営業として働いていた頃、同じように成果にこだわりすぎて、僕はすごく嫌なやつになっていたことがあった。クライアントに電話をかけ、広告が売れなかった時に、電話を切った後で、「まじでこのクライアント、頭悪いわ」って、吐き捨てるように言ったことがある。必死だったっていうのもあるけど、そんな自分が自分でも嫌だった。

アカツキを創業し、大好きなメンバーと仕事をしているにもかかわらず、極限の状況の中でイライラしていた僕は、また同じようなことをやってしまった。取引先との電話を切った後、イライラしながら「まじで、クソだわ」と言ってしまった。マンションの一室で仕事をしているから、僕のその言葉は他のメンバーにも当然聞こえる。周りのメンバーは気を使うし、多分、僕を怖がっていたと思う。

その発言の後、哲朗が僕を隣の部屋に呼んで、言った。

「元規がイライラしてたら、周りもはっきり言ってお前と一緒に仕事したいとは思わないよ。っていうか、本当のお前は、あんなこと言うやつじゃない！」

僕は、その言葉でハッと我に返った。あれ、僕は目指している夢と全然違う行動をとっている。

みんなを守りたいっていう想いから頑張ってたのに、気づかないうちに、自分が自分じゃなくなっていたのか。

この出来事が、自分を見つめ始めるきっかけになった。

勝屋さんとの出会い。初めて泣いた日

それからしばらくして、哲朗が「エネルギーが強くて、すごい人に出会った。すごくいい人だから元規も会ってみて！」と、ある人を紹介してくれた。

それが現在、アカツキの社外取締役をしている勝屋久さんと奥さんの祐子さんとの出会いだった。勝屋さんご夫婦は現在アカツキの応援団長をしてくれている。僕もアカツキも、この二人の愛があったからここまで来れたと思う。彼らがいなかったら今の僕はない。

勝屋さんはIBM Venture Capital Groupの日本代表を務めていた、ベンチャー大好きおじさんだ。アカツキの創業と同じ年にＩＢＭを退職して、自分が本当にやりたいことに向き合っていたフェーズだった。〝つながりで一人ひとりがもっと輝く〟をキーワードに、勝屋久という自分の存在を仕事にしようとしていた。

僕は勝屋さんにお会いして、一発で好きになった。嘘がなくて、本心で僕らと向き合

ってくれている感じがしたし、包容力をすごく感じた。僕は早速、「アカツキの応援団になってくれませんか？」と勝屋さんにお願いした。すると勝屋さんは「まず、1回アカツキでしゃべるよ」と言ってくれた。

アカツキでの勝屋さんの講演会は本当に素晴らしかった。話してくれた内容も素晴らしかったけど、その後、質問タイムの時にメンバーが言った言葉が、僕の心を強く打った。彼は創業からジョインしてくれたメンバーで、その日は奥さんと一緒に勝屋さんの話を聞きに来ていた。奥さんが隣にいるのに、彼はこう言ったんだ。

「僕、ゆうべ奥さんとひどい喧嘩をしちゃったんですよ。今隣にいますけど（笑）。喧嘩して、落ち込んでたんですよ。でも、アカツキに来てアカツキのメンバーに会うと、それだけで元気になります。会社に来るのが楽しいです」

彼はそんなに考えずに言ったんだと思う。でも僕は、その言葉に本当に救われた。うれしかった。

自分が走ってきたことに意味はあったんだなって思った。イライラしている自分もいたけど、大切にしたいものは失わずにここにあるんだなって思った。当時のアカツキは本当に大変な状況だったから、メンバーに対して僕はどこかでこんなに頑張らせて申し訳ないって思っていた部分もあった。でも、メンバーがアカツキで喜びを感じてくれていたっていうことは、見ないようにしていた僕の感情を戻してくれた。この日、僕は初めて会社で泣いた。

一番大切なこと、自分たちの在り方に目を向ける

その後、僕は忙しい中でも時間を作り、アカツキのみんなで合宿をすることにした。アカツキの輝いているところってなんだろう、未来のアカツキはどうなっていたいだろう、と僕たちは話し合った。

この合宿の結果、現在のアカツキのカルチャーの土台になるようなことがたくさん生まれた。

誕生日をお祝いしたり、お互いの輝いているところを話し合ったり、good & new で新しい何かを分かち合ったりすることだ。

それまで、僕らの会社の目的の多くは、Doing にフォーカスして語られていた。

アカツキの在り方を語り合った合宿のホワイトボード

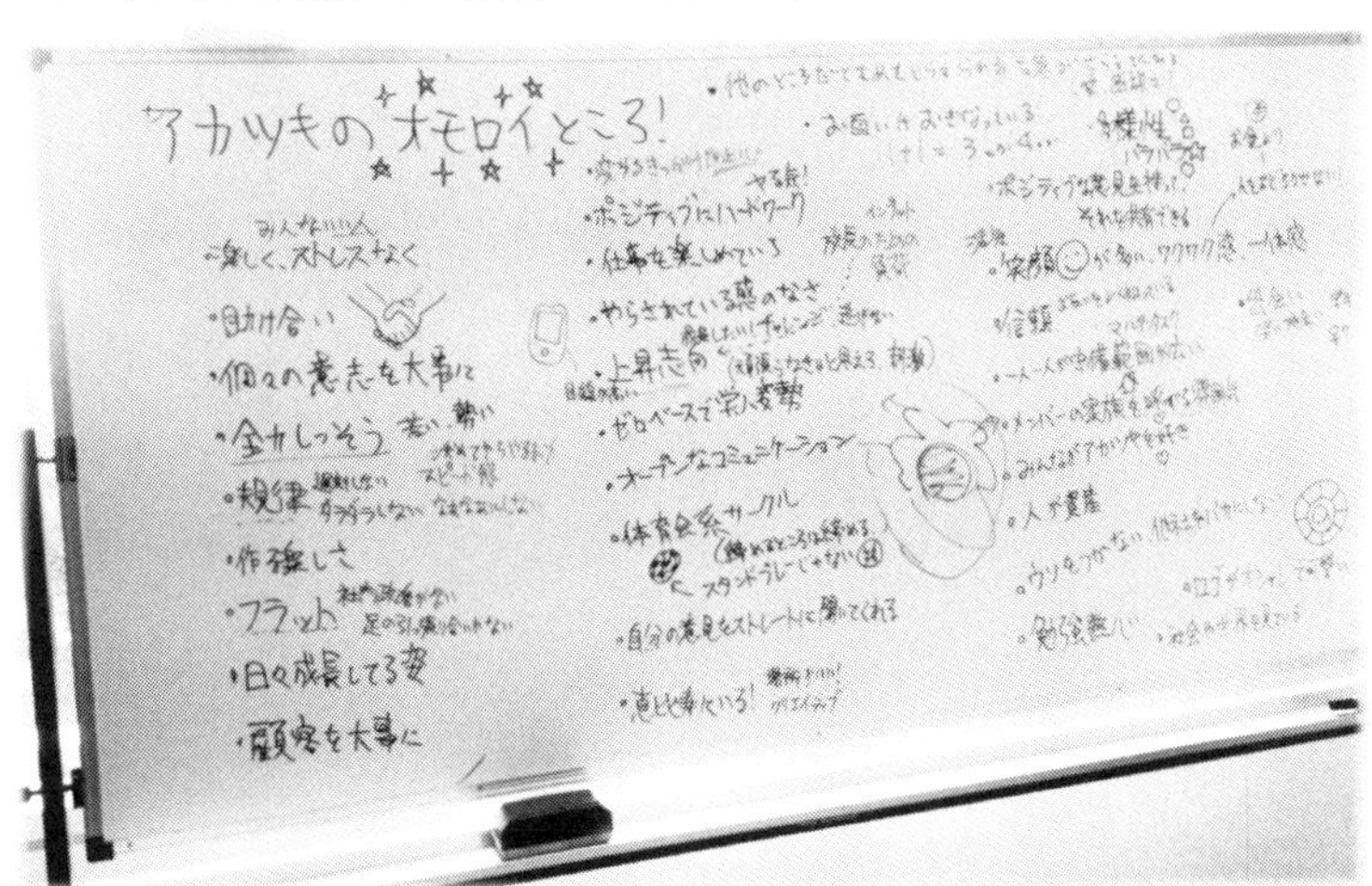

「世界中の人が〝ワクワク〟と〝熱〟を感じる、ライフスタイルを変えるサービスを生み出し続ける」と表現していた。

そこに初めて、Being、つまり自分たちの在り方についての言葉が加えられた。

「愛、感謝、共感を土台に、メンバーの才能を軸に事業が成長する。新しい形の組織として成長し続けることで、世界中から羨望されるタレントドリブンな会社になる」

Doing、Being、両方の目的を大切にしようと、僕らは改めて決めた。

そして、自分たちが作りたい世界を「感

情を報酬として発展する社会」という言葉で表してビジョンにした。

僕たちの仕事は、自分たちもワクワクしながら人もワクワクさせていく仕事だ。一人ひとりが自分の感情を大切にワクワクすることをやる、それが他の人の幸せにもつながっていく持続可能な社会を作ろうと決めた。

何よりも、僕は、みんなと話しながら、ビジョンを作っていくプロセスで、大学時代のハッピーカンパニープロジェクトで感じていたピュアな気持ちを取り戻した。

そして、この時から勝屋さんはアカツキの応援団長をやってくれることになった。

しんどい時こそ、深呼吸して感情に目を向けよう

リーダーをしている多くの人は、責任感と成果へのプレッシャーを強く感じている。忙しいから、感情を切り離して走り続ける。それは短期的には効率的でパワフルだ。でも、気づけば大切なものを忘れてしまうことになる。そして、僕のように、本来の自分を見失ってしまうことが多々ある。僕はギリギリで気づけたと思う。でも、自分一人では気づけなかった。周りに助けられた。

だから、プレッシャーが強い時こそ、深呼吸してみよう。

そして、5分でいい、顔をあげて、周りのメンバーの顔を見てみよう。周りは自分の内側を映す鏡だ。そして、自分の感情に目を向けてみよう。感情の中に本当に大切にしたいものが隠れている。そして、自分自身に問いかけよう。

「自分はなぜ、この仕事をやっているのだろうか。本当に手に入れたいものはなんだろうか」

忙しさで忘れそうになっていた本当に大切なものを、思い出すんだ。

vii　3期目に起こった大失敗。それは魂の進化のサイン

こうして、アカツキを創業して2期目に、僕は本当に大切なものに気づいて、Beingを大切にした経営にシフトしていく。

それとともに、業績も伸びてきた。メンバーの人数は30人を超えて、初めてオフィス

森のような空間にした中目黒時代のオフィス

を法人契約することができた。それまでは会社に信用がなくて、僕個人が契約していたから、すごくうれしかった。

初めて会社で契約できたオフィスは、当時の内部留保の半分近くを使って、働いている人にとって居心地がいい森のような空間を作った。正直、大金を払うことにびびったけど、哲朗と相談して、働くメンバーが会社にいたくなるような最高のオフィスにしようと投資した。

心も体も会社も壊れる寸前までいった

でも、順調に見えたアカツキ3期目に、僕は大きな失敗をしてしまう。自分の人生の中で、最も苦しい1年だったと思う。

ビジョンとチームの文化を大切にしていたにもかかわらず、僕はもっと売上を上げたいという欲求に負けた。そして、売上に貢献してくれそうな、能力が高い、でもアカツキの文化に合わないメンバーを何人か採用してしまった。リスペクトし合えない採用はお互いにとって本当に不幸なことだ。

彼らも彼らで、僕らのようなハートフルな文化は居心地が悪かったんだと思う。彼らにはネガティブなこともたくさん言われた。文化を大切にしようと頑張っている分、そこを否定され始めると、メンバーも僕も心に大きなダメージを受けた。会社の雰囲気はどんどん悪くなって、アカツキは組織崩壊の寸前だった。

2期目に大切にしようと決めたものが、また手の平から砂のようにこぼれ落ちていく感覚だった。そして、売上を上げたくて採用したはずなのに、社内の雰囲気は悪くなり、プロジェクト自体が大失敗してしまう。アカツキで初めて、5000万円くらいの大きな損失が出たプロジェクトとなった。

その頃、ゲームの市場環境はガラケーのモバイルゲームから、スマホのモバイルアプリゲームにシフトしていた時期で、僕らアカツキはその市場の変化に賭けて大きな投資をしていた。

その中で、組織の悪化と大きな損失が生まれて、初めて、キャッシュがなくなる可能性が現実的になってきた。僕らは約5億円の借入をして、そのうち3億円を僕が連帯保証人になった。「5億円を返済するのはすごい大変だ。これで、事業が失敗したら、3億円が僕個人の借金だ。失敗したら、本気で首を吊る可能性すらあるな」と、初めて倒産と自分の死がリアルに頭に浮かんだ。

悪いことはまだまだ続く。

この年、創業1年目にジョインしてくれたメンバー8人のうち4人がアカツキを退職した。立ち上げ当初は狭いオフィスで雑魚寝(ざこね)して、まさに同じ釜の飯を食べていたけど、人が増え20～30人規模になってくると、どうしてもお互いの距離ができてしまう。彼らは僕と哲朗のことが好きで、僕らが困っているから助けに来てくれたメンバーだった。だから、僕と距離が離れていくと、とにかく寂しくなっていったけれども、当時のアカツキは、寂しいという感情を表現できる空気ではなかった。ポジティブな感情はシェアできるけど、ネガティブな感情はまだシェアしにくい空気だったと思う。そして僕にもそれを許す器がなかった。

だから、僕自身も辞めていくメンバーの感情に気づかなかった。仲の良かったメンバーが離れていって、組織の雰囲気もどんどん悪くなって、会社のキャッシュもやばい。自分が大切にしようと頑張ったものが、どんどん壊れていく。

なんとかしようと必死でもがくけど、どうしていいのかわからない。

本当に闇の中にいるようだった。

僕の体も限界に来ていて、会社で椅子に座っている時も、ずっと心臓が痛かった。常に下痢で、病院でもらった一番強い下痢止めの薬を飲んでも止まらなかったし、夜中に家に帰るとストレスで一人で泣きながら吐いていた。思考は嘘がつけるけど、体には全てが表れていた。

僕はこんな時こそポジティブシンキングしかないと必死に思い込み、「ピンチはチャンス」と言い続けた。自分自身にも、メンバーにも言い続けた。僕もメンバーも、なんとか無理やりにでもモチベーションを上げようとしていた。自分も人も言葉でコントロールしようとしていた。それは、悲しみ、つらさという感情を切り離すことだった。だけど、心の奥底にいる小さな僕は叫んでいた。「もう限界だ、これ以上は無理だ。背負えない。助けてくれ」と。

僕の思考の中には、観念のモンスターがいた。

それは僕にこうささやいていた。「人に弱みを見せちゃダメだ。自分が強くないと、周りはついてこない」。思考の中のモンスターは、つらさを人に見せることを許さなかった。責任は自分がとる、自分がなんとかするしかない、そしてなんとかできない自分には価値がない、と僕を縛っていた。僕はメンバーに頼ることも、弱音を吐くことも、できなかった。

愛によって心が開く。踏み出す勇気をもらえる

しんどそうにしている僕を見て、勝屋夫妻が僕の話を聞いてくれた。

メンバーの前では、僕は常にかっこつけていたけど、勝屋夫妻の前では、弱音が吐けた。

「もうしんどい、限界だ」って言って、彼らの前で泣いた。

その時、祐子さんから、

「元ちゃん、いつも世界を幸せにするとか、周りを幸せにするって言ってるけど、その世界の中に元ちゃんは入っているの？　自分も幸せにする対象に入れてもいいんだよ。元ちゃんも幸せになっていいんだよ」

そう言ってもらった。そして勝屋さんは、僕と一緒に泣いてくれた。

僕はずっと、たとえ自分が死んでも夢を成し遂げなきゃって思い込んでいた。自分が

描いた夢に乗っかってくれたメンバーのためにも、それが僕の責任だし、必要なことだって思っていた。だから、自分は犠牲になっても、目指す世界を作らなきゃって思っていた。心臓が痛くても、「成果が出るまで、なんとか生かしてください、その後は望まないから」と、神様に祈っていた。

でも、僕が自己犠牲を払って素晴らしい会社を作ったとして、それでメンバーは本当に喜んでくれるんだろうか。勝屋夫妻の愛に触れて、僕は自分自身も幸せにしていいんだって思った。

そして、彼らはこう続けてくれた。

「元ちゃんが、つながりのある会社を本当に作りたいって思うんだったら、今日僕たちと分かち合ってくれてるみたいに、自分が苦しいこととやつらさをメンバーと勇気を持って分かち合ったらいいよ」

僕の中にいる観念のモンスターは、弱いリーダーを許していなかった。

自分ができていないことを分かち合うなんて、本当に怖いことだった。価値を出していない自分は、生きていちゃいけないない存在のように思えていた。

でも、二人の応援と愛のおかげで、僕はそれを分かち合おうという勇気を持てた。

そして、哲朗をはじめ、何人かのメンバーに恐るおそる、少しずつだけど「しんどい、限界だ」と弱音を吐けた。そしたら、「いや、なんで一人で全部抱え込むんだよ。会社はみんなで作ってるんだろ。みんなで頑張ろうよ」と言ってもらえた。

成果を出せない自分でも、ここにいていいんだなぁって思った。

僕が絶対にダメだと思った「成果が出せない自分」を、みんなは優しく受け入れてくれたんだ。

両親の想いに触れてつながりと安心を思い出す

そして、このプロセスの中、僕は1日だけ会社を休んで島根の実家に戻った。

自分自身が混乱していて、なんでこんなにしんどいのに会社をやっているんだろうと、正直迷っていた。自分の命ってなんなのだろうか。自分の存在ってなんなのだろうか。

僕は実家に帰って、死んだ父親が働いていた小学校や、一緒に遊んだ公園、一緒に釣りをした海に行った。それぞれの場所で、自分の内側にいる父親と初めてゆっくり会話してみた。起業してから、いや、もしかしたら父親が死んでから、こんなにゆっくり父親と話せたのは初めてだったかもしれない。

その中で、「親父に今の俺はどう見える？」「なんで俺こんなに苦しんでるんだろ？」って今の自分のことをたくさん話した。色んな会話をしたけど、最後に父親から「大丈夫だよ」って言われたような気がした。

父親と心の中でゆっくり話した後、母親からは自分が子供の頃の話をたくさん聞いた。

自分の幼少期の写真とかも、今まではそんなに見たことがなかったけど、色んなものがとってあった。自分が生まれて毎日のように母親が書いていてくれていた成長日記も発見して読んだ。

両親の想いに触れて、

「あぁ、俺って愛されてたんだなぁ」

って、改めて思った。自分は一人じゃないんだな。

今この場に、自分がいることの奇跡と、たくさんの人の愛で自分が存在していることを受け入れられた。

「……うん、なんかもう大丈夫だ」。そう感じて、僕は東京に戻った。

内側の進化が業績を大きく成長させた

こうして、自分の内側の葛藤や抵抗を超えたら、自分もだいぶ楽になったし、アカツキのメンバーともう一歩深くつながれた。結果、組織の雰囲気も良くなってきた。みんなで頑張ろうっていう空気ができて、キャッシュ面はギリギリではあったけど、スマホのネイティブゲームである「サウザンド・メモリーズ」を、なんとか資金が尽きる前にリリースすることができた。そして、それが大きくヒットした。

ガラケー時代にもゲームを作ってきたが、ヒットするまでのゲームを作ることができなかった。これだけしんどい3期を越え、ようやくアカツキで初めて大きなヒットゲームを作ることができたんだ。

そして、苦しい3期を越えて、みんなでお祝いした4周年パーティーの時には本当に泣けた。

大切なものに気づいて、乗り越えた感覚。より深い信頼関係でメンバーともつながれた。

何より、自分の中につながりと安心感があった。

その後、アカツキは4期、5期と業績も組織も大きく成長していった。

困難を越えたら、僕たちはまた一段大きく強くなった。

困難は竹の節のようなものだ。それが僕たちを強くするし、困難の先に感動がある。

そこで大切なのは、外側の能力を磨くことだけじゃなくて、自分の内面の成長、進化だった。

今まで絶対にできなかった、人と弱音を分かち合い、頼ることもだんだんできるようになった。

同じパターンは進化のサイン。一人の愛が勇気をくれる

つらい時に人に頼ることは当たり前だと言う人もいると思う。

でも僕の中では、絶対にありえないことだった。それくらい思考の抵抗、モンスターは強かった。


改めて考えると、僕のこの思考のパターンは昔から存在していた。

人に頼るのが苦手で、怖い。価値を出せていない自分を自分自身が許さない。

同じようなシーンはそれまでもたくさんあったと思う。でも、なんとか自分で乗り越えてきた。成果を出してきた。３期目になって人に頼れるようになったのは、僕自身、限界をとっくに越えていたってことだ。


魂が進化する時は、それを知らせるサインがあると思う。

同じようなパターンが繰り返されて、でも、今の自分じゃ対応できない事象が目の前で起こる。

そこでやっと、その呼び声に気づけるんだと思う。

きっかけをくれたのは、近くにいる大切な人の愛だった。

僕の幸せを願ってくれている人がいて、それを受け取ることで自分の思考の抵抗を認識できたし、それを越える勇気を持てた。

進化して、今までの自分を超えていく時にはすごく勇気が必要だ。

新しい自分になるために、今までの思考や観念を越えるプロセスが発生する。

その時に必要なのは、能力でもなんでもない。見守って応援してくれる人の存在だ。

その力が、新しい自分を受け入れるための勇気になる。怖さを越えて一歩踏み出す力になる。

そういう人は、多くなくてもいい、たった一人でもいい。

葛藤や苦しみに寄り添って、存在を理解して承認してハグしてくれる存在だ。

多くの起業家やビジネスリーダーは、困難に向き合っていると思う。起業家やリーダーは責任感がものすごく強いし、すぐに全てを背負ってしまう。僕と同じように弱音を吐けない人が多いと思う。メンバーは弱音を吐いてほしいと思っているのにもかかわらずだ。

だからこそ、起業家やリーダーの葛藤や苦しみをわかってくれている人が一人いると全然違う。

経営の手法を教えてくれる人より、自分を理解してハグしてくれる存在が本当に大切。その人が、新しい自分になる勇気をくれる。

僕自身、自分が受け取ったその愛を、他の人に伝えられる人でありたい。戦略のアドバイスをできる人間より、苦しい時にハグできる、そういう人でありたいと強く願う。

CHAPTER 3

一つの進化は、次の進化へのプロセス

上場してからも旅は続く

一つの進化は次の進化の序章。
旅はどこまでも続いていくんだ。

i　逆風の中での上場の旅

旅は続くよ、どこまでも

３期目の困難を越えて、アカツキは急成長していった。翌年、グロービス・キャピタル・パートナーズとリンクアンドモチベーションの２社から、アカツキは14億円の資金調達をした。

哲朗は台湾オフィスをゼロから立ち上げることに挑戦し、アカツキはグローバルに事業展開するようになった。事業も組織もさらに大きくなっていった。

でも、困難を越えて、成長して、それでハッピーエンドとならないのが人生だ。ハッピーカンパニープロジェクトで教えてもらったように、人生は何かを成し遂げて終わりじゃない。続いていく旅だ。

会社が大きくなって、自分も一つ進化すると、さらに自分の器を広げるようにと、さまざまなことが起こってくる。

逆風の中での上場

この頃、僕たちは上場という大きな出来事に向き合っていた。

僕たちは2016年の3月に東証マザーズに上場した。実はその1年前に上場しようと準備を進めていたんだけど、上場準備でメンバーにかかる負荷が大きく、組織全体が無理して背伸びをしているように見えて、1年以上延期した。この状態で上場したら、その後のプレッシャーでまた僕らの大切なものを失ってしまうんじゃないかという不安があった。もっと企業文化、価値観が強く浸透した組織になってから、上場しようと思った。

でも、いよいよ上場するという段階になると、たくさんの逆風があった。

僕たちの主力事業はモバイルゲーム事業だが、当時のゲーム産業には逆風が吹き荒れていた。僕たちの上場の約1年前に上場したモバイルゲーム会社のgumiが、上場直後に大幅な下方修正を出したことで株価が急落した。いわゆる「gumiショック」が起こった時だった。

上場の時は、機関投資家に会社のプレゼンをして回るロードショーというのがある。数十人の投資家にプレゼンをして、自分たちの会社の価値を評価してもらう。上場前最後の一番ハードな時間だ。

その時に、ある投資家の方に言われた言葉が今でも僕の脳裏に焼きついている。

「投資家がモバイルゲーム産業をどう見ているか教えてあげようか。もう、産業として終わったと思ってるんだよ」

僕たちは自分たちの成長を信じていたし、戦略的にも自信があった。

でも、投資家の方々には、僕たちの成長を期待してもらえなかったんだと思う。

上場した時につける公募価格の初値は、公開価格である1930円を8％下回る1775円だった。

上場はゴールじゃない、スタートラインだと思っていた。実際、その後、アカツキは成長し続けて、今は、初値を大きく上回っている。モバイルゲーム産業が終わっていないっていうことも示せたと思う。

でも、当時の悔しさ、悲しさは僕の心に残っている。

資本市場との対峙。自分たちの哲学を示す

上場するにあたり、僕たちは何を大切にするかを改めて決めた。

僕たちは、中長期的な成長を大切にする。短期じゃなくて、長期的目線でビジョンを大切にした素晴らしい会社を作っていく。ビジネスで最初に切り捨てられがちな、企業カルチャーや哲学などの目に見えないものを大切に経営していくことを、改めて誓った。

短期的な株価じゃなくて、企業価値を上げることが大切だと思った。中長期でしっかり成長できるように投資していく。だから、短期的な株価対策を意識した事業判断はしないっていうことも含めて、上場時に宣言した。株主総会でもその想いを説明した。

どこまで理解してもらえたかはわからない。でも、自分たちの信念や哲学はブレないようにしよう。

目に見えないものに投資してきたからこそアカツキはここまで来たし、それが僕たちの強みだ。

その信念が結果として僕たちを成長させるし、それが株主の方々にもしっかりリターンを生むはずだ。

ii 気づかないうちに変わる行動。罠に落ちる

気づかずに陥る、短期思考の罠

自分たちの大切なものを忘れないために、決算説明会では、投資家の方々にアカツキのビジョンから話すようにした。僕は毎回、決算説明会ではビジョンと哲学について話している。何をやっているか以上に、なぜやっているのか、それが一番大切だと信じて

いるからだ。

でも、実際は決算説明会でそれについて触れる投資家はほとんどいなかった。むしろ、質問の多くが短期的なところに集中して、次の四半期の状況と、ゲームのリリーススケジュールに関するものが中心となっていた。

アカツキは、売上、利益ともに上場してから毎年、過去最高を更新していた。もちろん、数字は結果の一部だし、それが全てではない。過去最高益を出していても、株価が上がらなければ経営者は非難されるものだ。非難は受け入れている。ただ、本来、僕らにできることは、より素晴らしい会社を作ること、より素晴らしいものをユーザーに届けることだけだ。

会社が大きくなるにつれ、ステークホルダーはどんどん増えていく。そして、より多くの人がアカツキという会社に期待するようになる。それは悪いことじゃないけど、期待は人によってバラバラで、会社の方針と対立する場合もある。

そして、期待は要求で、〝願い〟じゃない。僕自身、人に期待してしまうこともたくさんある。その期待には相手をコントロールして、自分の求める成果を出してもらうという意図が入っている。だから、期待に応えない相手には、怒りの感情が湧いてくる。

僕自身も、気づかないうちに人の期待に応えようとして行動が変わってきていた。

シンプルにいえば、より短期思考になる自分がそこにいた。

上場した時から自分たちの哲学を宣言して、株主、資本市場に対しての向き合い方を決めていたにもかかわらずだ。

経営会議でも、気づかないうちに株価や数値目標の話が増えてきた。

その分、本来一番重要な、長期的視点で見た時に我々は何に投資すべきかとか、どういう姿になりたいのかとか、ビジョンについての話は会議の中で減ってしまっていた。

そして、開発チーム側は開発期間をもう少し延ばし、ゲームのクオリティを高めたかったにもかかわらず、市場に約束していたリリーススケジュールを変えたくないという理由で、ゲームをリリースしてしまった。

それは、そのままちゃんと結果として跳ね返ってきた。大きなヒットゲームが生まれなかった。

スピードを優先すること自体が悪いわけじゃない。スピードが速いことも価値だ。ただ、モバイルゲーム市場の状態としては、クオリティが重要視されるフェーズだった。それは僕たちにもわかっていたけど、開発チームの要望と資本市場との間で、バランスを取ろうとしすぎた。

しかし、結果としてゲームがヒットしなければ、株主にとってもマイナスになってしまう。

Goodは Greatの敵。突き抜けることへの確信

僕たちにとって、このことは改めて大きな気づきになった。

モバイルゲーム市場も成熟期に入っているから、1章で述べたように、多様化が進んでいるので、みんなに好かれることより、コアなファンがつくことが大切だ。突き抜けたプロダクトである必要がある。わかっていたけど、やっぱりそうなんだっていうことを、僕たちはまざまざと思い知らされた。

僕が好きな本『ビジョナリーカンパニー』（ジェームズ・C・コリンズ、ジェリー・ポラス著）の中に、「Good は Great の敵」という言葉がある。

僕はこの言葉の意味を痛感した。僕たちも色んな人の期待に応えようとして、全てにおいて100点を取ろうとして、中途半端になっていたのではないだろうか。「そこそこいい（Good）」になってしまっていたんじゃないだろうか。結果として、Great になることが妨げられていたんじゃないだろうか。

内側からスタートし、魂が込められたものじゃないとダメだ。突き抜けた、とんがったものに人が集まってくる時代だ。中途半端なものには、人が集まらない。プロダクトにも、企業にもだ。自分たちの〝らしさ〟を全開にして、自分たちが信じることを表現していかないと先はないんだなと痛感した。経営のスタンスとしてそれを貫くと決めないと、メンバーも混乱する。

加えて、上場して、僕たちはモバイルゲーム企業から、グローバルなエンターテインメント企業に進化しようとしていた。創業時のビジョンである「感情を報酬として発展する社会」を作るために、僕たちは「心を動かす体験」をキーワードに事業を拡大していたところだった。アウトドアのアクティビティ予約プラットフォームの「SOTOASOBI（そとあそび）」、横浜駅直通の複合型体験エンターテインメントビル「アソビル」、東京ヴェルディの株式を取得しスポーツ事業に参入するなど、ゲーム以外の複数の事業を展開し始めていた。

その流れの中で、ますます、一つひとつが突き抜けた事業になる必要がある。意識しないと全てが中途半端になってしまう。僕自身、増えてきた全ての事業を見ることはできない。自分がコミットしてなんとかするというやり方は、アカツキの成長とともに規模的にも事業領域的にも難しくなってきた。

それぞれの事業が〝アカツキ〟という枠の中で中途半端にならないように、プロジェクトやチームは自分たちの信念・哲学を持って突き抜ける必要があった。それは、アカツキの中で、より多様なものを受け入れる器が必要になったということだった。

過去の〝アカツキ〟に、それぞれのプロジェクトが無理に合わせに行かない。アカツキはプラットフォームであり、器だ。そこに、安心とつながりがあって、その上で、プロジェクトやチームが自分らしさを全開にして挑戦していくということだ。

この新たな変化のために、組織の形を変えること以上に、僕自身の内側の成長がもっと必要だった。

自分のコミットでなんとかするっていう今までの勝ちパターンからの進化と、全ての人の期待に応えようとする、関わる人みんなが納得できるものにするというような、観念のモンスターからの脱却が必要だった。信念を持って突き抜けられるか。そして、自分が関わらないものが突き抜けるのを受け入れられるかどうかだ。

多様なものを受け入れる、経営者としての器を広げていくことが求められていた。

コーチングと分かち合いによる内側の進化

僕は上場前から、僕自身の内側の進化を加速させるために、コーチングを定期的に受けていた。魂の進化、自分の器を広げるためにだ。

コーチングには相性もあるから、全てが有用だとは思わないけど、自分自身を意識的に認知し、自分の癖を理解するという点で、僕には非常に有用だった。

コーチングの中で、メンバーからのフィードバックをもらって、自分の特性を理解する分析ツールを使ってみた。そこには、自分自身の成果に対するコミットの高さが顕著に出ていた。僕のコーチは、こんなにコミットが高い結果は見たことがないとびっくりしていた。そして、「こんだけ背負ってたらそりゃきついよな」と言った。

また、成果へのコミットが強く出すぎるが故に、人をコントロールしてしまうという特性もあった。周りを動機付けて、動かしていく。それは、一時的には人をモチベートして頑張らせる。でも、カンフル剤のようなもので、ずっとは続かない。

僕自身の在り方が、メンバーの可能性や主体性を実は削ぎ落としていたっていうことを、改めて見せられて愕然（がくぜん）とした。上場というプレッシャーの中にいて、成果へのコミットが上がるとともに、人をコントロールしてでもなんとかしようとする自分が、出てきそうになっていることに気づいた。

僕自身の奥にいる本当の僕は、魂は、人をコントロールしたくない。

でも期待に応えなければならない。成果を出さなければ愛されないというモンスターのささやきが、時として僕にそれをやらせてしまう。

自分自身の内側の進化が必要だ。器を広げて、自分のパターンを超えていく。それには、**自分の観念、思い込みを認知することからスタートしなければならない。認知するとそれは可能性になる。**コーチングを通して、改めて自分の特性を認知できたし、成果を出すことと、コントロールせずメンバーの主体性を引き出すこと、その両方を統合したいと思った。

このコーチングの結果を、僕は経営メンバーと分かち合った。

誰かが僕のパターンを理解しているということは本当に安心感がある。自分の感情や内面を分かち合うことは本当にすごいパワーにつながる。もちろん、分かち合うことには勇気が必要だったけど、以前よりは軽やかにできるようになっていた。

この分かち合いの時に、コーチが泣きながら「このままのパターンで背負い続けようとして、会社や事業が大きくなって背負うものが増えたら、元規はいつか本当に倒れて死んじゃうよ」って言ってくれた。そして、他の経営陣のパターンや内側の葛藤も分かち合った。

僕たちアカツキの素晴らしいところは、こういう内面の話の分から合いが当たり前のようにできることだ。それは僕自身が進化したからだと思う。リーダーが勇気を持って分かち合うと、分かち合いと受け入れるということが文化になっていく。

自分のパターンを誰かに知ってもらえると、またそのパターンが出てきた時に、人からツッコミをもらうことができる。「元規、また全部背負おうとしてない？」「ちゃんとしようと自分に強いてない？」とかだ。それによって、また自己認知できるようになる。その繰り返しだ。**内側の成長は、一瞬でやれることじゃない。日常の中でどれだけ自分の行動に気づき、内側でそれを感じて、ブレずに自分の根っことつながり続けられるかだ。**

その結果、自分の中に隠していた感情につながっていくと、自分をもっと許せる、愛せるようになるし、その分だけ他の人を愛せるようになる。自分も人もコントロールしなくなる。

アカツキ上場後、僕の進化のキーワードは、ありのままの自分を許せるようになることだった。

そして、ネガティブな感情も大切なパワーだと、気づくことだった。

自分の隠しているネガティブな感情と向き合うこと。それはアカツキが、色んな考え方や感情があってもいいっていう場所に進化していくこととつながっていた。

iii ネガティブな感情も受け入れる。色んな在り方を許せるようになる

人の期待じゃなく、自分の信念に従って突き抜ける。Good じゃなく Great にフォーカスする。人をコントロールしない。多様なものを受け入れ、可能性を引き出す。

言葉にすると簡単だし、やり方を変えればいいと頭では考えられる。

でも、今までの自分のＯＳのままやり方を変えようとしても、結局元に戻る。いっときは頭で考えて自分の行動を変えるけど、そこには無理があるからだ。僕自身も何度もその体験をしてきた。

やり方や行動を無理に変えてもうまくいかない。内側の進化によって、物事の見方が

変わり、行動はその結果として変わっていくんだ。

大切なのは、自分の内側の進化だ。今までのやり方でうまくいかないことが増えてくる時、それが前にも話した、進化のサインだ。器を広げてもっと大きな自分になるための合図だ。自分の可能性を広げる機会なんだ。

だから、僕は、自分の内面の進化にコミットしている。経営者・ビジネスリーダーは影響力が大きい。だからこそ、自分の内面の進化にコミットすること、それは組織全体、関わる人みんなに大きな影響を与える。

僕の上場後の進化のキーワード、ありのままの自分を許せる、ネガティブな感情も受け入れていくプロセスについて、ここから分かち合いたい。

コーチングで父親への怒りの感情につながる

僕たちの観念や思考パターンの多くは、家族、特に両親との関係の中で作られる。だから両親との関係を見直すことはとても大切だ。自分の内側を進化させてくれる。

3期目に島根に帰り、両親からの愛を感じることで、困難を乗り越えられた話を書いた。

それは素晴らしい体験だった。

でも、実はその後、自分の中に隠していた親へのネガティブな感情に出会った瞬間がある。

僕にとって、ネガティブな感情を扱うのはすごく難しい。それはいけないもの、あってはダメなものとして、学校、社会で学んできた。怒ることはよくないことだ、というように。だからネガティブな感情は抑圧の対象だった。

だから、父親への愛情や感謝といったポジティブな感情は僕の中でたくさん受け取りやすい。でも、怒りや寂しさといったネガティブな感情は、受け取るのがすごく難しかった。

コーチング中にコーチに父親役になってもらって、会話をする時間があった。その時に初めて、自分の中に隠していた「父親への怒りと寂しさ」が表現された。

父親へは感謝と愛しかないと思っていたけど、父親が死んだ時の僕に戻って話したら、たくさんの怒りの感情が出てきた。

「なんでいきなり死ぬんよ！　親父が死んだ後、俺らがどれだけ不安だったかわかる？おかんがどれだけ苦労したと思ってるんよ」

「俺が20歳になって酒飲めるようになるまでは絶対死なないから安心しろって言ってたじゃん。嘘つき‼」

と、泣きながら感情をぶつけた。自分の中にこんな怒りがあるなんてびっくりした。

でも、怒りを表現したら、自分の内側はすごくスッキリしたし、その上で父親に対してより深い愛情を感じられるようになった。自分の中でなかったことにしていた感情を取り戻した。

切り捨てていた、ネガティブな感情とつながる体験だった。怒りや寂しさの感情があってもいいんだ、それを切り捨てずに、丁寧に扱うことが大切なんだって理解できた。

由佐美加子さんに教えてもらったこと

『U理論』（C・オットー・シャーマー著）の翻訳者の一人で、Co-Creation Creatorsの由佐美加子さん（みーちゃん）との出会いも、僕にとっては大きな出来事の一つだった。

みーちゃんはまさに人の内面の進化にコミットしていて、内側にある意識や思考を変えて、外側の現実を作り替えるということを、さまざまな手法を使いながらサポートしている。

みーちゃんは、「多くの人が、自分の中には全てあっていいっていうところからスタートしていない」と話してくれた。自分の中でいいと思う自分は存在してOKで、ダメな自分は抑圧する。

抑圧された感情も自分の中にあるのに、それをなかったことのように扱うと、その感情を体現している人を見た時に、それを許せないという怒りのような感情が出てくる。抑圧している自分の中に、本当は自分もそうありたいという想いがあるからだ。

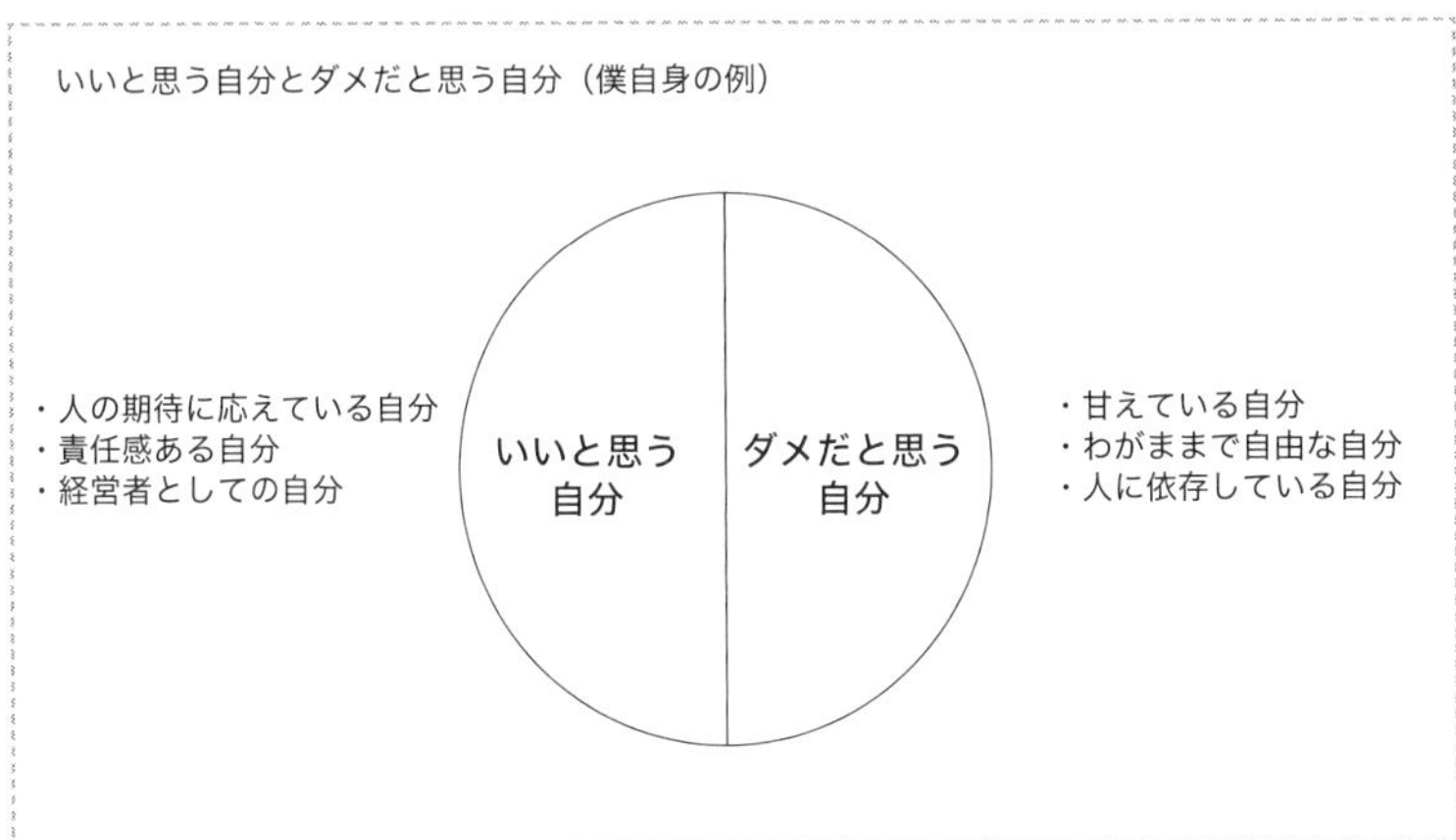

たとえば、僕だったら、責任感のある長男として生きてきたけれど、自分の中に抑え込んできた感情として、誰かに甘えたい、もっとわがままを言って自由に生きたいっていう感情も存在していた。でも、それをずっと見ないようにしてきた。

そんな僕は、甘えている人や、わがままで自由な人を見ると、その人たちをどこかで否定していた。甘えているだけじゃダメ、人に迷惑をかけてはダメとか。会社でもメンバーにはプロとして人に依存しない人間であれ、と創業当初はよく話していた。

それがずっと正しいと思ってきたけど、実は、僕の中の甘えたい、わがままになりたいっていう気持ちを隠していた。甘えたり、たまに迷惑をかけたりすることもある自分でいたかったということがわかった。

自分が隠している、特にネガティブな部分を認識する。それに目を向けて、それも自分の一部なのだからあっていいんだと認められると、そういう人に対してもイライラしなくなってきた。

前は、その感情を隠して、無理をして自分を頑張らせていたから、どこかで「俺だって甘えたいのに、自由にしたいのに、我慢してるんだ。あいつだけずるい」っていう感情があったんだと思う。それは、隠している気持ちを相手に投影して、本当はそれが欲しいって言っているようなものだ。**人は自分の内側の世界を、相手に投影する。**自分の感情を認めると、イライラは消えていった。

それが結果として、僕自身の器を広げてくれた。依存する人を見ても、以前より、許せるようになった。だから、誰かを無理してコントロールすることも減った。コントロールで頑張らせるんじゃなくて、その人の内側にあるエネルギーを信じられるようになっていた。

内側の進化が組織のステージを変える。自己表現を許せる組織へ

自分の内側にある、どんな自分も許せるようになると、外側の世界の見方もどんどん変わっていく。見方が変わると、現実の世界も変わっていく。

僕は今まで、アカツキのメンバーが楽しんでいないと、どこか不安だった。だから頑張ってメンバーを楽しませようとしていたし、楽しめる環境を作ることに必死になっていたと思う。

ポジティブな環境が是だから、それをなんとか作ろうとしていた。それは喜んでもらいたい、幸せにしたいっていう純粋な気持ちだったけど、悲しいとか怒りとかネガティブな感情はダメなものというレッテルを気づかないうちに貼っていたんだと思う。

でも自分の中で、ネガティブな感情を統合できるようになると、ポジティブもネガティブもどちらも大切な感情として扱えるようになってきた。

無理して楽しい場を作り出す必要はないと思えるようになり、一人ひとりの自己表現

や存在を尊重できるようになってきた。結果、アカツキという組織自体にも色んなカラーが生まれて、よりカラフルな組織になってきた。

『ティール組織』（フレデリック・ラルー著）という本をご存知だろうか。新しい組織について分析した本だ。この本では、組織の進化の段階が、色分けされている。

世の中の多くの組織は、「アンバー（順応型）」か「オレンジ（達成型）」とされていて、「グリーン（多元型）」だとビジネスマンにとっては素晴らしく幸せな場所だと表現されている。軍隊や機械的な組織を超えて、グリーンは家族的でお互い助け合える組織である。

グリーンの先、次世代型の組織が「ティール（進化型）」で、そのメタファーは生命体だ。

ティールでは、メンバーが全人格、ありのままを組織に持ち込んで、一人ひとりが主体的に動き、有機的につながる生命体のようになる。一人ひとりの自己実現の過程で生まれるエネルギーを社会的使命のために使う。

今までのアカツキは「グリーン」の組織だったと思う。安心・安全な場があるし、メンバー同士助け合う。ただ、それをリーダーが背負って作ろうとしていた。そして、ポジティブ面にフォーカスしすぎていた。元気で笑顔で楽しそうであることを気づかないうちに強いていたんじゃないかなと思う。それはそれで温かい素晴らしい環境だったかもしれない。

でも、今アカツキは、「グリーン」から「ティール」への脱皮の時期なんだと思う。僕自身の内側が進化していくことで、受け入れられるものが増えていった。ネガティブな感情も扱えるようになっていた。その結果、アカツキのメンバー一人ひとりが、自分の人生や自己実現を組織の中にもっと持ち込めるようになってきたと思う。組織のために無理をするのではなく、アカツキを人生の表現の場にできるようになってきた。以前より、メンバー一人ひとりの主体性と創造性が発揮されやすくなってきていると思う。それが、アカツキのビジョンを推し進める。

内側の進化によって、少しずつ「ティール」が組織の中で出現し始めてきた。

経営者は孤独だってよく言われるけれど、そんなことはない。僕は進化を経ながら、どんどん幸せになっている。僕はつながりを感じながら、今まで以上にパワーを使って、仕事ができていると思う。無理をした努力じゃなくて、自分の魂の欲求に従った努力になってきている。

それは、これからの世界での、大きな力になる。自分の色を輝かせていく力だ。

iv 自分の本当の姿を明らかにする旅

ここまで、僕の起業の旅を、僕自身の内面と葛藤も併せて、分かち合ってきた。成功のためのビジネス戦略を考えたり、たくさんの思考を使うことは大事だ。それももちろん必要だった。

でも、それ以上に、僕は自分の内側の進化が大切だと気づいた。観念のモンスターを超えて自己表現したり、自分の本当の気持ちにつながったりしたから、アカツキはここまで来られたと思う。それが僕をより幸せにして、またアカツキを成長させる鍵だったとも思う。

『ティール組織』には、「人生の目的は、成功したり誰かから承認されることじゃなく、

『自分の本当の姿を明らかにする旅』だと捉える。本当の姿を表現し、自分らしい自分になるまで生き、才能や使命を尊重し、この世界に貢献すること。その個人的、集団的なプロセスだと捉えている」と書かれている。

まさに、僕の旅は、本当の自分の姿に出会っていく旅だったと思う。楽な旅じゃなかった。そこにはたくさんの罠と、進化を阻むモンスターがいた。モンスターや罠に対する理解がないと、歩けなくなる時がくるかもしれない。旅を続ける気力がなくなってしまう時がくるかもしれない。

だから、次章では魂の内側の進化と、そこに潜むモンスターや罠の話を分かち合いたいと思う。

CHAPTER 4

魂の進化とそれを阻むモンスターや罠たち

自分のことをどれくらい知っているだろうか。
大切な人生を、無意識じゃなく、意識的に生きよう。

ここまで分かち合ってきたように、僕の旅は周りの人に支えられながら、たくさんの葛藤に向き合う旅だった。

この章では、僕自身が体験し、そしてさまざまな人から教えてもらったことを分かち合いたい。

感情を鍵に心の扉を開くということ。魂を進化させていくということ。

そして、それを阻むさまざまなモンスターや罠について、お話ししよう。

i　観念というモンスター

魂の進化を阻むモンスターは、思考・観念の中にいる。モンスターは、巧妙に姿を隠しているので気づくのが難しい。

まず、認識しなければいけないことは、**思考は簡単に嘘をつく**ということだ。

アルニセスという脳科学者は「脳は幻想を作りだす機械である」と表現している。思考は、過去の経験から未来を予測する。現実以上に、自分の信念（観念）と期待に基づいて、推測する。だから、思考は絶対的に正しいものというわけじゃない。

メンタルモデルによる自動反応行動

観念とは過去の経験からくる思い込みのことだ。世界の見方の癖だ。行動や思考、感情的反応などのほとんどが深層心理から起こる自動反応だと言われている。

メンタルモデルという言葉を聞いたことがあるだろうか。認知心理学の用語だが、メンタルモデルとは、幼い頃から培ってきた経験によって形作られる思考パターンのこと。これは物事の見方や行動に大きく影響を与える。

たとえば、子供の頃に犬に噛(か)まれたことがあると、大人になっても犬を怖がり避けるようになるし、逆に犬になつかれたことがある人は、犬を見かけると自ら寄っていく。少年野球で逆転ホームランを打った経験がある人は、目標達成が厳しい時も最後まで粘り強く取り組もうとする。

メンタルモデルは、観念を元にした反応だ。そして、多くは「恐れ」に対する回避行動として作られやすい。

メンタルモデルは状況によって、マイナスにもプラスにも働くが、一度作られたメンタルモデルはなかなか変えられないし、自己認識が難しい。メンタルモデルは時として、自分の可能性を大きく制限してしまい、マイナスの影響を及ぼす。自分が心に従おうとすると、モンスターのように抵抗する。たとえば、こんな言葉もそうだ。「前もうまくいかなかったんだから、今回もうまくいくはずがない」「そのままの自分で愛されるはずがない」。周りからするとそんなことないのにと思うことも、その人の中ではそれが絶対的な真実のようになっている。

それが観念のモンスターだ。モンスターは、幼少期に作られることが多い。親との関係、友達との出来事、さまざまなことが子供にとっては強烈な体験として残るからだ。

僕自身が持っているメンタルモデル

僕自身、多くの観念がある。その観念は、子供の頃には僕を助けてくれるものだったけど、現在は進化に抵抗するモンスターになっている。その抵抗を超えていくこと、これが魂の進化だ。

僕は子供の頃、両親が教師だからどこに行っても「塩田先生のお子さん」という見られ方をしていた。だから、何事にも一生懸命取り組み、ちゃんとしてないと親に迷惑をかけてしまうと思い込んでいた。周りから素晴らしいと言われる自分でいようという意識が刷り込まれていたんだ。さらに長男という家を背負う立場で生まれ、父親も早くに亡くなった。だから、より、ちゃんとしていなければ、という思いが強くなっていた。

それは、何事にも真面目に取り組むというギブであった一方で、「人の期待に応えなければ愛されない」「わがままは許されない」というメンタルモデルを作ってしまった。周りの人を嫌な気持ちにさせないように頑張るようになったし、周囲の人のことも自分が幸せにしないといけないと思った。期待に応えている間は、幸せを感じられていた。でも、周りが傷つくかもしれないことを表現するのは、怖かったし、自己犠牲的に責任を背負う癖ができた。

起業した当初は、これらが力にもなった反面、苦しさも僕にもたらした。

創業3期目に自分が限界を越えた時に、初めて、このモンスターと向き合うことになったんだ。

価値を出せない自分は許されないと思っていた。人に弱みを見せられない、常に完璧で結果を出せる自分じゃないといけないと思っていた。だから、どんなにつらい時でも人に助けてって言えなかった。

これは、僕の人生で繰り返しているパターンだし、自動反応だった。僕は、勝屋夫妻の言葉と愛のおかげでその自分のパターンを認識できたし、勇気を持って一歩踏み出せた。

それは、自分の中のモンスターを認識して、その上で、自分の内側の声を表現することだった。

そして、僕が勇気を持って、弱音も表現できたこと。

それは僕に計り知れない恩恵をくれた。内側を進化させ、行動が変わり、そして、周りの人たちとの関係も変わった。世界の見方もまるで変わってしまった。自分の大切なものに気づけた奇跡のような瞬間だった。

色んな形になっている観念のモンスターたち

あなたも、自分の中にたくさんの観念のモンスターがいることに気づくと思う。

「親の期待に応えなければならない」「男の子らしく／女の子らしくしなさい」「苦労しないと幸せになれない」「いい学校に行って、いい会社に就職するのが幸せだ」「何歳までに結婚して家庭を持つべき」「全て前向きに捉えなさい」「男の子は泣いちゃダメ」……。

こういう言葉は、誰かの期待であって、あなたにとっての真実じゃない。この言葉を強く感じる体験が増えていくと、自分の中に観念として蓄積される。

僕自身や友人にもよくある、観念のモンスターをいくつかあげてみる。

「期待に応えないと愛されない」

親や周りの人の期待に応えると褒められて、応えないと否定される環境で育ったら、期待に応えることが人から愛されるための条件だと思い込んでしまうかもしれない。その結果、自分の望みじゃなく、人の期待に応えることを優先し続けるメンタルモデルができることになる。そういう人にとっては、人の期待に応えないとか、自分を優先することはものすごく勇気がいることだったりする。

「自分はいいからと人や周りを優先する」

僕自身もそうだけど、たとえば、長男・長女には、責任感が強い人が多い。その分、我慢して自己犠牲的になる人も多くいる。「お兄ちゃんなんだから」「お姉ちゃんなんだから」と言われることで、我慢をする癖がつくこともあるし、家族やきょうだいを背負うことで、周囲の人の幸せも、自分の責任だと思ってしまう。その結果、自分の願望は我慢して他人を優先してしまうこともあるし、自己犠牲を美徳だと思ってしまうこともある。

「周りに合わせないといけない」「本音を言うと人を傷つけてしまう」

人と違うことが否定された場合、周りと違うことはダメなことだと思い込むことがある。自分が他と違う考えや感情を持っていた時に、それを抑圧して、周りに同調してしまう。自分の意見を主張することを避け、周りの意見をとにかく承認してしまう。

また、人に本音を伝えて、相手を傷つけてしまったことがある場合も、同じようなメンタルモデルを生むことがある。自己表現することが誰かを不幸にするという思い込みだ。そのために、自分の想いを表現することが怖くなってしまうことがある。

「苦労や我慢の分だけ何かを得られる」

「テストでいい点を取ったら、ゲームを買ってあげる」「宿題が終わったらおやつを食べていいよ」という言葉をよく耳にする。この言葉は、勉強や宿題が嫌なものであるという前提に加えて、嫌なことを我慢してやれば、ご褒美がもらえるというメンタルモデルを作ることがある。逆にいえば、嫌なことや苦労をせずに、欲しいものは手に入らないという観念が生まれる。その場合、周りが理由なく何かくれても、それを受け取ることに罪悪感を覚えることもある。なぜなら自分が何も苦労をしていないからだ。

「欲しいものは、どちらか一つしか手に入らない」

子供の頃に、欲しいものが二つあった時に、「どちらかにしなさい」と言われた経験はあるだろうか。僕もたくさんある。これをたくさん体験すると、「欲しいものは、どちらか一つしか選べない」という観念が生まれることがある。トレードオフの概念が入り、二つとも手に入れるという概念がなくなる。

「仕事はつらいものである」

仕事から帰宅した親が疲れた様子で、仕事や上司の愚痴をしゃべっているのを聞くと、「仕事はすごく大変で苦しいものなんだ」「やりたくないことをやるのが仕事なんだ」という観念ができるかもしれない。大人になると、仕事は大変なものだと思い込んで働くことになるかもしれない。不満やストレスを抱えていても、病気になるまで我慢するかもしれない。

「自分は間違っていない」

前向きな人に多い観念もある。成功体験が多いと、自分は常に正しいという観念が付いて回る。すると、周りの人が間違っていて、自分を邪魔する存在のように思ってしまう。その結果、周りのサポートを受け取れない。

「弱みを見せてはいけない。泣いてはいけない」

責任感の強い人がなりやすい。たとえば、男性は子供の時に泣いたらいけないと言われて育った人が多いんじゃないだろうか。人前で泣くのは情けない、男児たるもの弱音を吐いてはならないと。すると、大人になっても弱みを見せない。僕のように、大丈夫じゃない時も「全然大丈夫！」と言う。実は傷ついているのにもかかわらずだ。

モンスターも嫌なやつじゃない。切り離さず、認識しよう

他にも多くの観念のモンスターがいると思う。メンタルモデルが作られると、それに自動反応してしまう。親との関係のことを多く書いたが、親が悪いわけじゃない。親はあなたのために行動しているし、観念があなたを守ることも多い。モンスターは最初自分を守るために作られるものだ。

たとえば、周りに合わせるモンスターだって、子供の頃は、それが自分を守ってくれたと思う。特に、日本だと、周りに合わせないことは、色んな人に否定される可能性も大きい。

そういう外的な環境に適合することで、自分の安心・安全が守られていた。でも、これからの時代は、環境が違うし、あなたももう大人になった。

メンタルモデルは無意識の自動反応だ。無意識だから、自動反応してしまう。モンスターを認識することが大切だ。認識していけば、徐々に意識的に生きられるようになる。認識することがまずはスタートだ。

ii 偽ダイヤを追いかけているという罠

起業の物語で示したように、3期目のモンスターとの対峙を超えて、アカツキは大きく成長していった。

しかし、上場してステークホルダーが増えると、僕はまた、人の期待に応えようと頑張ることで本当の自分からずれてしまった。

偽ダイヤという言葉

後述する、「KATSUYA♡学院」という学びの場で「偽ダイヤ」という言葉を教わった。

偽ダイヤとは、一見、その人を輝かしく見せるもの。

非常にわかりやすいたとえでいえば、世間から賞賛される大学、企業、資格、役職、年収、etc。また、すごいと言われている人とつながりを持つことなどもそうだ。誰かや何かによって自分の価値を証明しようとする。もちろん入りたい大学、企業に入ることは素晴らしいことだし、全てが偽ダイヤになるわけではない。

伝えたいのは、自分の深いところでは「欲しい」と思っていないのに、「これさえ手に入れば」自分の価値が上がると思って偽ダイヤを求めてしまっていないだろうかということだ。いつの間にか「外側の何か＝自分の価値」だと思っていないだろうか。外側の何かは、あなたの本質の素晴らしさとは関係ないし、生きるためのツールに過ぎない。

でも往々にして、僕たちは勤めている企業、役職や資格などによって、その人の価値を判断してしまいがちだ。だから、その偽物のダイヤが大切なものだと思ってしまう。

でも、本当に欲しいと思っていないものを追い求め続けるのは苦しいことだ。

僕自身、人の期待に応えようと随分頑張ってきた。結果や価値を出すことが自分の存在理由だと思い込んで生きてきた。でも、そこから降りることでようやく、どんな自分もいていいんだと僕自身が認められるようになってきた。

素晴らしい人生を阻む四つの罠

『ビジョナリー・ピープル』(ジェリー・ポラス、スチュワート・エメリー、マーク・トンプソン著)という本をご存知だろうか。『ビジョナリーカンパニー』の著者チームが、企業ではなく人物に焦点を絞り、継続的な成功を成し遂げる人に共通の要素を分析した本だ。

「20年以上にわたり活躍し続けて実績を残した人」をビジョナリーな人として定義し、分析している。

この本の中で、ビジョナリーな人の本質的な要素は、自らの価値観に誠実に生きていて、意義・思考・行動のスタイルに一貫性があることだと表現されている。彼らは、やっていること自体に情熱を持っている。情熱を持つために大切なことは、自分の生きがいについて語る小さな内側の声に耳を傾けることだと書かれている。思考じゃなくて自分の心の声を聞くということだ。

一方で、人生の成功への道には四つの罠が存在していることも書かれている。それは、キャリアへの固執、BSO（Bright Shiny Object）への憧れ、コンピテンスの誘惑、そしてOR（オア）の呪縛、の四つだ。

キャリアへの固執とは、ワクワクすることとは、キャリア形成の役に立たないという考えだ。ワクワクはお金にならないという声だ。しかし、ビジョナリーな人は素晴らしいキャリアを築いている人が多いが、それを目的にして固執してはいない。

BSOとは、まさに偽ダイヤのことだ。明るく輝いているように見えるもの。たとえば、高級車、名声や権力、自分は他の人よりすごいということを示すあらゆるコンテンツだ。ビジョナリーな人の中にはBSOを手にしている人が多いが、これを目的にしている人はいない。誰かよりすごいということを証明するものは、手に入れた一時は満足感を得るが、世界にはもっとコンテンツを持っている人がいる。だから、常に劣等感を抱え、人と比較するレースから抜けられなくなる。

コンピテンスの誘惑は、人間は合理化しようとする生来の癖があり、他人が設定した目標ですら合理化してしまうことだ。

そして、ORの呪縛は、どちらかしか選べないという思考だ。自分自身の夢を追うのか、それとも(OR)周りの人たちを喜ばせるのか、というトレードオフの概念の中にいることだ。ビジョナリーな人々はORの呪縛を乗り越えて、ANDを考える。自分もワクワクしながら、周りの人の力にもなる道を選択する。

あなたが今努力して手に入れようとしているものは、もしかしたら、偽ダイヤかもしれない。

自分が求めているダイヤが本物か偽物かを見極める手段を、著者はシンプルに一つの問いで表現している。

「もし、自分が大切だと思っている人が全く関心を寄せなかったとしても、それを手に入れたいと思うだろうか？」

少し時間をとって問いかけてみてほしい。

僕も罠に落ちて苦しんだ。でも、偽ダイヤレースから降りよう

僕自身もこの四つの罠に落ちてきた。

僕は起業してからここまで、罠という罠に全部落ちている気がする。

起業は自分がワクワクするからスタートした。でも、会社が大きくなり、色んな人の期待が集まってきた時、気づいたら偽ダイヤを磨こうとしてしまっていた。周りの評価を上げれば、自分も幸せになれると信じて追いかけた。

偽ダイヤを手に入れた瞬間は幸せな気持ちになった。人の期待に応えて、周りからす

ごいねって承認されることは、やっぱりうれしい。一時的にはそれで、幸せを得られる。

でも、それはカンフル剤のようなものだった。一つ手に入れたら、一時的に幸せになるが、また次の何かを手に入れるまでは苦しみが続く。終わりのないレースのようだ。誰かの期待に応えると生きている実感があったから、僕はこのレースを爆速で走り続けた。どんなに苦しくても、努力して、レースでなんとか結果を出してきた。

このレースに参加したのは、起業してからじゃなくて、もしかしたら、親父が死んだ日、いや、先生の息子というレッテルを貼られた子供の頃かもしれない。

自分が大好きな自分でいることよりも、人に好かれる自分でいることを優先し続けていた。結果、いつも苦しかった。でも、苦しいことさえ当たり前だと思っていた。

魂の進化のために大切なことは、このレースから勇気を持って降りると決めることだ。外側の何かを手に入れて幸せになるのではなく、自分の内側の声を聞くことからスタートする。

ハートからスタートして、行動していく。

そうすれば、一時的な幸せじゃなくて、持続的な幸せの上を歩いていける。だから、思考を外して、改めて、心に静かに問いかけよう。

「もし、自分が大切だと思っている人が全く関心を寄せなかったとしても、それを手に入れたいと思うだろうか?」と。

iii コントロールドラマというエネルギーの奪い合い

いかに人間が自分を中心に生きていないか。

人と人の関係性の中で、こんなドラマが繰り広げられているという話を教えてもらったことがある。

みなさんは、「コントロールドラマ」という言葉を聞いたことがあるだろうか。

世界的ベストセラーとなった魂の冒険の書『聖なる予言』(ジェームズ・レッドフィールド著)に出てくる話で、人間は心理的な高揚感を得るために、お互いに心理エネルギーを奪い合うという内容だ。人間はどこか自分がか弱く、不安で何かに欠けているという想いがあって、心理的に身近にいる他人からエネルギーを盗むことによって埋めようとする。

コントロールドラマ内では、人間は脅迫者、被害者、尋問者、傍観者の四つのタイプに分かれている。

「脅迫者」は、「俺は素晴らしいけれど、お前はダメだ」といった言葉や暴力で威嚇し、相手を萎縮させてエネルギーを奪う人。自分が優位になるように仕向け、恐怖心を植えつけて依存させたりするのが得意。

「被害者」は、「自分は大したことがない」とか「自分なんて」という表現をよく使う人。同情を引くことで相手に気を使わせたり、自分に起こったひどい出来事を相手に責任があるように語ったりして、受身的にエネルギーを奪う。

「尋問者」は、批判的で、相手の欠点ばかりに注目する。人を問い詰めることでエネルギーを奪う。そして、自分自身が脅迫されると脅迫者に変わる。

「傍観者」は、周囲から距離を置く、無関心な人。何を考えているかわからないようにすることで相手の気を引き、エネルギーを奪う。

人はこれら四つの役割のどれか一つに固定されているわけではなく、相手や場面に応じて役割を変え、エネルギーの奪い合いを行う。人は往々にしてこの四つのどれかの役割に無意識に入ってしまうということだ。たとえば、人が脅迫者としてコミュニケーションしてきたら、自分が被害者になってしまうように、無意識のうちに役割を演じてしまう。

人間は、この奪い合いのドラマを何世紀にもわたってずっと繰り返しているらしい。

脅迫者や尋問者だけが人からエネルギーを奪っているのではなくて、被害者や傍観者もエネルギーを奪う。攻撃する側は人を脅して自分の優位性を感じてエネルギーを奪う。一方で、被害者のほうも被害者として心配されることで周りからエネルギーを奪ってしまうことがある。

あなたの周りにいる人との関係性を思い出してほしい。パートナー、職場や取引先の人などだ。注意深く見ると色んなシーンで役割を演じてエネルギーを奪い合っていることに気づくだろう。高圧的になったり、被害者になったり、尋問したり、興味がないふりをしたりしてエネルギーを奪い合う。

僕もこのドラマに入ってしまうことはある。最近は、以前よりもドラマに入っていることを認知して、抜けられるようになった。でも、創業当初は脅迫者になって、高圧的に人を動かしたり、自分に依存させたりしていたこともあったと思う。上場した後は被害者になったこともある。

以前、ある投資家の方に「株価を上げてほしい」と言われた時に、自分が被害者の役割に入ってしまったことがある。僕は、被害者を演じて、「最高業績なのに認められない」と周りに話し、大変なふりをして、慰めや応援の言葉をもらおうとした。周囲に可哀想と同情させ、サポートしていない私たちもダメだと、罪悪感を持たせてしまったことさえある。恥ずかしながら、周りの人からエネルギーを奪っていた。

でも、被害者の役割に入っていることに気づくことができれば、そこから抜けられる。

コントロールドラマは至るところで繰り広げられている。環境だけじゃなくて、自分たちの深いところに根ざしている「自分には何か足りないところがあるという欠落感」とセットだから、多くの人たちが気づかないうちにやっている。

魂の進化は、このドラマから降りること。エネルギーを奪い合うことをやめ、自分の内側のエネルギーを信じて歩いていくことだ。

iv 環境にも潜む罠

ここまで、さまざまなモンスターや罠について分かち合ってきた。

それは、自分の中にあるものが多かったけど、やっぱり環境も大切だ。感情を分かち合える環境は、内側の進化を加速させるけど、今の社会や組織の多くはそれを許していない。

現在、次のような問題があると思う。

・合理化を重視し自己表現が許されない組織。
・〝動機付け〟という名の間違ったコントロール。飴と鞭。

これらについて見ていこう。

ありのままの自分でいると危険な環境

会社や組織の中で、あなたはどんな自分で過ごしているだろうか。ありのままの自分でいられるだろうか。自分の中にある感情や想いを自由に分かち合えるだろうか。

おそらく難しいという人が多いと思う。特にビジネスの世界では、より顕著だ。多くの人が会社で仮面をかぶる。会社に求められる人物像を演じて、自分の一部しか表現しない。そうしないと危険だからだ。演じないと、上司に怒られ、給与が下げられるかもしれない。

加えて、ビジネスでは感情は無駄とされやすい。感情は目に見えないし、説明できない。今のビジネスでは目に見えるものだけを大切にしすぎている。合理的という言葉のもとに、目に見えないものは切り捨てられる。そんな中でありのままの自分でいられるわけがないし、安心・安全が脅かされる環境では自己表現は難しい。

もちろん、自己表現が許される組織を作ることは勇気がいる。多様な人が感情を表現したら組織は壊れてしまうと思うリーダーは多いだろう。

アカツキの創業期も、ポジティブな感情表現は許されていたけど、ネガティブな感情表現は許されていなかった。だから、3期目に、僕は古参のメンバーの寂しいという自己表現も許せなかったんだ。そして、古参メンバーの離脱という大きな痛手を負った。

もし、当時からネガティブな感情も分かち合える組織だったら、そうはならなかったと思う。

ここで、僕が気づいた大切なことを、一つ分かち合いたいと思う。

「理解と同意を分ける」が鍵

それは、「理解と同意を分ける」という考え方だ。

アカツキでは、「理解と同意を分ける」という文化を大切にしている。感情は人の内側にあるから、切り捨てられるものじゃない。仕事をやりたくないっていう感情だって真実だ。多くの組織の勘違いは、やりたくないという感情を聞いて理解することは、それに同意することだと思っていること。または、やりたくないという気持ちを、やりたいに変えようと説得する必要があると思っていることだ。

以前、アカツキの採用担当者が僕のところに来て、「今、採用、ぶっちゃけ飽きちゃったんですよね。なんかやる気出ないんですよ」って言ってきたことがある。普通なら、説得しようとする。でも、僕たちは理解と同意を分けている。そうすれば、理解することはどんな時でも100%できる。

「そうなんだね。やる気出ないんだね。採用何年かやって、やりきった感なんでしょ。それで、今どんな気持ち？　どうしたいとかある？」っていう理解をする。

そして僕も、僕の内側にあるものを分かち合う。

「アカツキにとって、採用むちゃくちゃ大切なんだよな。誰かがやんないと俺は困っちゃうなぁ。いい人材と働きたいんだよね。どうしようかね」

非常に面白いことだけど、人はお互いの感情や状況が全て表現されて、理解できれば、**双方の間で勝手に最適解を選び出す。**

結果、その採用担当者は「理解してくれて、ありがとうございます。分かち合えてよかったです。僕もいい人と一緒に働きたいなって改めて思ったし、貢献したい気持ちもあるなと思ったんで、あと1年はやりたいです！　その後は、役割を替えてもらうと思います」と言ってくれた。

おそらく、採用の重要性や、その採用担当者へのメリットを提示したりして僕が説得していたとしても、あと1年やってもらうことはできたと思う。

でも、そういう方法ではなく、お互いの内側を理解した上で決めたことだから、仕事への気持ちの入り方も全然違う。メンバーにも安心感が生まれるし、結果、仕事も頑張る。

もちろん、理解したふりをして相手をコントロールするのは違う。純粋に相手の内側を理解して、その上で、同意しなくてもいいので、自分の気持ちも表現するだけだ。

また、普段、自分の感情を丁寧に扱う機会は少ないから、やりたくないっていう感情も、本当かどうかは本人自身にもわかっていないことが多い。だから、分かち合うことが大切なんだ。分かち合う中で、自分の本心に気づくこともたくさんある。

結果を見れば、理解と同意を分け、感情表現を許していくことは、〞合理的で効率的〟だ。無駄なコストはかからない。

会社や組織は効率を上げようと、人の感情表現を抑制する。でも、それは結果的には非効率だっていうことに気づくタイミングに来ていると思う。

コントロール思想の組織論

組織論で、「社員のモチベーションをどう〞上げるか〟」という言葉がある。僕はこれに違和感がある。

なぜなら、人を外から動機付けるという意味が強く、コントロールして動かすという意図が入っているからだ。このやり方は限界に近いと思う。

人が人をコントロールする時に使う基本的なものは〝飴と鞭〟だ。

飴は〝インセンティブ〟だ。それは、お金、名声、賞賛などだ。外側のものを使って、人を動機付ける。鞭とは〝恐れや脅し〟だ。安心・安全を脅かすことで、強いプレッシャーをかける。

偽ダイヤの項で話したように、飴を得られた時は満足する。でも、それは一時的だ。もちろん、成果を手に入れることは素晴らしいことだ。たとえば、サッカーワールドカップで優勝してトロフィーをもらうことは素晴らしい。でも、大切なことは、サッカー選手はサッカーが好きだという気持ちが土台にあることだ。その上で、より楽しくなる目標があるという順番だ。

飴と鞭によるコントロールが強くなると、飴自体が目的になってしまう。多くの組織は飴を目的化して、鞭で叩き続けることをやってしまっているのではないだろうか。これは、社内だけじゃなくて、取引先との関係の中でも使われていることがあると思う。

そんな環境では、本当の自分でいることは難しい。周りが求めるもの、周りの期待に自分を適合させていく。それは、自分の本当の想いからあなたを切り離す。

ただ、最近はそんな環境に違和感を持つ人は増えているし、環境を選べるようになってきた。だから、飴や鞭を手放し、新しい関係性を作るフェーズに入っていると思う。コントロールではなく、お互いが理解し合って、一緒に仕事がしたいからするというシンプルな関係が必要だと思う。

僕も昔は飴と鞭のパワーを使っていた。それが正しいと思っていたんだ。

「〇〇君の将来のためにも、アカツキで頑張ったほうがいい」とかの表現で、自分のためにやってほしいことを相手のためとよそおってやってもらったりした。その時は、コントロールしているという認識はなかったけど、内側が進化すると過去の無意識の行動や反応を認知できて驚くことが多い。

そうしたやり方で、短期的な成果は出せたけど、自分の中では何か満たされない想いや、罪悪感が残っていた。多くの人を傷つけてきたし、今思えば申し訳ないことをしてしまったなと思う。

パワーを使っている本人は必死だから、そのことに気づかない。会社や組織など、あらゆる場所で当たり前に起きているから、慣れてしまっているんだ。でも、飴と鞭で人を動かしているのは当たり前じゃない。それを使っていると、実は自分が一番苦しい。

退職者とのコミュニケーション

これは、去年、アカツキで起きたことだ。

新規事業の責任者だったメンバーが、「一区切りついたし、他にやりたいことが見えてきたんで、アカツキ辞めようと思ってます」と僕に言いに来た。

辞めてほしくないメンバーだった。アカツキにおける退職は「卒業」と呼び、退職しても仲間だから応援して送り出すという文化がある。でも、多分昔の僕だったら、「この仕事やったら、いいことあると思うよ」とか言って、なんとか動機付けようとしたと思う。

鞭は使わないで、たくさんの飴を並べたかもしれない。でも、本当はそういうことをやりたいわけじゃない。僕がやるべきことは、**自分の感情につながって想いを分かち合うことだ。**

僕は会話の中で、自分の感情を確かめてみた。そうすると、仲の良かったメンバーだから離れるのがただ寂しいんだなってわかった。

だから、「色んな話をしようと思ったけど、俺、ただ寂しいだけだわ」っていう分かち合いをした。そしたら、そのメンバーも感情につながって、「俺もアカツキのこと好きなんで、アカツキにもいたい。でも、別のやりたいこともあるから、週2日か3日だけアカツキでやれませんか」という話になった。僕にとっては、日数は関係なく、アカツキにいてくれるなんてすごく幸せなことだ！

結果的に、お互いが気持ちいい形になったし、分かち合いを通してそのメンバーとの関係もより素晴らしいものになった。本音でつながる関係になれた。

動機付けという〝正しいっぽい〟言葉で語られるものにはリスクがある。飴と鞭のコントロールが強い環境にいると、自分がどうしたいのかわからなくなる。気づいている人は、それに違和感があって気持ちが悪くなる。そして、自分の感情を麻痺させて働くか、コントロールしてくるものから離れていく。

V　魂を進化させる鍵は「メタ認知」と「感情につながること」

ここまで、僕の体験も踏まえながら、たくさんのモンスターや罠について分かち合ってきた。

あなたは、今何を感じているだろうか。

自分の中にいるモンスターに気づいた人もいるだろうし、感情がざわざわした人もいるかもしれない。それはすごく大切な反応だ。認知することと感情につながることが、魂の進化の鍵だ。

内側が進化しないと同じ問題が起こる。同じパターンは進化のサイン

内側の進化は、パラダイムを変え、無意識的な自動反応の行動を変える。

僕の場合は、人の期待に応えなければならないという観念を脱却し、自分がベストを尽くすことに集中できるようになった。それは、結果として周りの喜びにもつながっていった。

自分の内側をアップデートして、意識的に生きないと、無意識の行動は変わらない。同じ行動をとり続ける。だから、**同じような課題がパターンのように常に自分の目の前に突きつけられる。**

課題をクリアしたはずなのに、しばらくすると似た課題が発生するという経験はないだろうか。

その時こそ、内側の進化が求められるタイミングだ。同じような課題に直面している時こそ、魂の進化のサインだ。

アインシュタインは、それをこんな風に表現しているらしい。

「この世の重要な問題は全て、それを作りだした時と同じ意識レベルで解決することはできない」

内側の進化、意識の成長が必要なんだ。だから、同じパターンが続く時こそ、より丁寧に内側を見てみよう。

進化に必要なことは、「メタ認知」

魂の進化には、色んな方法があると思うけど、一番大切なことは、**意識的に自分の行動を認識する、つまり「メタ認知」すること**だ。

ほとんどの行動が無意識下の行動である中で、自分の観念やパターンを認識している人は少ない。だから、モンスターは暴れ続けるし、コントロールドラマの中で、役割を演じていることにも気づいていない。

同じような課題が発生した時に、自分の行動パターンを、「このパターンもあるな」と一歩引いた目で認識できるかどうかがとても大切だ。

面白いことに、このパターンを認識し続けると、徐々にモンスターは消えていく。意識的に生きると、立ち止まって、自分の内側に目を向けていくことができる。

感情を丁寧に扱うこと

無意識の行動は、感情を麻痺させて行動しているのと同じことだ。

でも、全ての反応の根本には感情がある。メンタルモデルや観念の奥にも感情がある。傷つきたくない、怖いという感情かもしれないし、何かが欲しいという感情かもしれない。**感情に意識を向けていこう。感情も認知することが大切だ。**意識して、その感情を見つめてみる。

感情を丁寧に見て、「あぁ、自分は今こういう気持ちなんだな」ということを認識しよう。思考を使いすぎている時、自分の感情がわからなくなることもある。そんな時は、体を見てみるのもいい。体はいつだって正直だ。僕も3期目の苦しかった時、頭は大丈夫といっていたけど、体は限界だった。

立ち止まって、自分の中にある感情を丁寧に見れた時、あなたの心の扉は開く。魂は進化する。

だから、時間を作って、深呼吸してみよう。自分の行動を見つめ直し、それに反応している内側の真実を見つめよう。自分が世界をどう見ているのかという真実を直視しよう。その時に、あなたの行動の理由が見えてくる。

仲間との分かち合いが進化を加速させる

魂は進化を望んでいる。もっともっと自分の愛を大きくしたいと思っているんだ。

『スター・ウォーズ』の中でヨーダもこう言っている。

「Luminous beings are we, not this crude matter.（我らは輝ける存在。こんな粗野なものじゃない）」

魂が進化すると、あなたはもっと輝き出す。

ただ、自分でパターンに気づくことは難しいし、最初は自分の感情がわからないこともあると思う。

だから、**感情を誰かと分かち合うことが必要だ。お互いの分かち合いと問いを通して、自分の感情につながっていく。**「今、どう感じているの?」と聞いてあげたり、「もしかして、こう感じているんじゃない?」って伝えてあげる。それが大きなサポートになる。

多くの人じゃなくていい、たった一人でもいい。自分の感情を分かち合える人。何を表現しても、自分を受け止めてくれる、見守ってくれる人。その存在があなたに勇気をくれる。

一人と深くつながることが、みんなとつながる扉を開く。

そして、自分も誰かのたった一人になれる。

僕も、自分の旅を通して、さまざまな人に助けてもらってここまで来れたように、誰かの助けになりたいと思う。

アフリカの先住民族にこんなことわざがある。

早く行きたければ、一人で行きなさい。
遠くまで行きたければ、一緒に行きなさい。
「If you want to go fast, go alone. If you want to go far, go together.」

CHAPTER 5

魂の進化は無駄が大好きだ

一見無駄な時間に投資しよう

無駄に見える時間こそが、実は宝物だった。

これまで、僕の起業物語を分かち合いながら、内側の進化の話をしてきた。

仕事の話が中心だったけど、僕は、仕事の時間以外にも、魂の進化にコミットしてさまざまなチャレンジをしてきた。その中でたくさんのことを受け取ってきた。日常を離れて、一見無駄なことに時間を投資することが、次の可能性を開いてきた。

ここでは、仕事から離れた場所で、僕が体験した四つのことを分かち合いたい。

i　セドナで深まる哲朗とのつながり

勇気を持って、初めて会社を休んで行ったセドナ旅行

アメリカのセドナという場所を知っているだろうか。ネイティブアメリカンの聖地と呼ばれる、レッドロックに囲まれた場所だ。世界最高と言われるパワースポットの一つだ。

僕は一度、勝屋夫妻と友人と4人でアメリカ出張に合わせてセドナへ行ったことがある。当時は、自分が苦しんで頑張ることで、成果を出そうとしている時期だった。それを見ていた勝屋夫妻が、「元ちゃん、セドナ行ったらいいよ！　心が開くよ。一緒に行く？」って言ってくれた。

当時の僕は、休んで海外に行くことは、自分を甘やかすことだと思って抵抗があった。苦しんでいないと成果が出ないと思い込んでいた。他のメンバーに対しても、休むのは申し訳ないという罪悪感があった。だから、出張に合わせることで、自分の中で許せる条件を作っていった。無駄なことが大切と言いながら、自分自身はなかなかそれができてなかった。

セドナは本当に素晴らしい場所だった。レッドロックの山々を登ったり、一人の時間を大切にしたり、みんなで遊んで自分の内側を分かち合った。

普段は忙しくて、思考がフル回転していることが多い。そんな中で、時間をとれたことは本当によかった。アカツキの未来や、どういう世界を作りたいのかも、よりクリアになった。分かち合いを通して、観念や苦しさを理解できたし、自分の中の大切な想いにもつながれた。東京に戻ってからも、楽な気持ちで仕事ができるようになった。本当にこういう時間が大切なんだなって思った。

だからこそ、次は絶対、哲朗と二人で行きたい！　と思った。

哲朗と二人で行ったセドナ

僕と哲朗は、アカツキの共同創業者としてずっと一緒にやってきた。

スタートアップで一緒に起業した共同創業者と仲違いして、離れていくケースは多い。僕らはそういうことはなかった。お互いリスペクトしているし、お互いの幸せを願っている。

だから、他の会社の人からは、共同創業でこんなに仲が良いのは珍しいねってよく言われている。

改めて振り返っても、僕らは珍しいくらい仲良くやれてきていると思う。なんていうか、古い漫才コンビとか熟年夫婦みたいな感じだと思う。出会ってからもう13年以上一緒にいる。

でも、学生の頃からの友達だった僕たち二人は、起業後はずっと仕事に追われていて、二人で遊ぶこともなかった。会って話す時は、仕事の話がメインだった。

それに、近い関係だから言えないこともあった。

特に僕は上場してからCEOのプレッシャーに負けそうだった時期もあったから、お互いに理解できない部分もあったと思う。加えて、僕は長男の癖で哲朗にも言いたいことを言えず、勝手に我慢していた時もあった。こんなに一緒にいるのに話せていないことがあるなと思ったし、何より、久しぶりに一緒に遊びたかった。

忙しいCEOとCOOが二人同時に休みをとるのはダメじゃないかという思い込みもあったけど、自分の感覚を信じて、哲朗を誘って、セドナに二人で旅行に行った。二人だけの旅行はちょっと照れたけど、素晴らしい時間だった。一緒に山を登って、自分の感情を見つめながら、二人で色んなことを話した。

スウェットロッジで見た哲朗の泣き顔

滞在3日目、二人でスウェットロッジというネイティブアメリカンの儀式に参加した。心と体の治癒と浄化の儀式だ。サウナのように暑いテントの中に二人で水着で入って、自分の体が極限の状態の時に、グレートスピリット（ネイティブアメリカンの中で宇宙の真理を意味する存在）に感謝を伝えていくというものだ。

普段は大人数でやる儀式だけど、奇跡的にキャンセルが出て僕たち二人だけでやってもらうことになった。暑くて、極限状態の中、僕たちがグレートスピリットに伝えたいことを伝える。

哲朗は結構シャイだから、人前では喜怒哀楽を抑えがちに見える。泣き顔もあまり見たことがなかった。でも、スウェットロッジの中で、「元規やアカツキのメンバーたち、大切な人には嘘をつかずに、自分のままで接してつながりたい」と涙ながらに伝えていた。僕はそれを横で聞きながら、号泣していた。

哲朗と一緒にここまでやってこられたことに、そして、哲朗の存在そのものに深く感謝していた。

スウェットロッジが終わってテントを出た時、僕は愛おしすぎて哲朗を捕まえてハグした。恥ずかしいとかも思考が飛んでいてわからなかった。ただ、哲朗をハグしたくて勝手に体が動いていた。その瞬間、哲朗が大声を出しながら号泣した。僕はただ感謝を伝えた。

哲朗もたくさんのものを背負ってきたと思うし、あいつは本当に優しい男だから、俺が見えていないところでたくさんしんどいこともあったんだろうな。いっつも、俺の話ばっかり聞いてくれていた。

本当にありがとう。一緒にいられて本当に幸せだ。そんな当たり前のことさえ、仕事に追われると忘れてしまうことがある。

初めて見た、哲朗の号泣している顔が僕の心に深く刻まれた。お互いがより深くつながれること。愛し合えること。それは会社にとっても本当に大きいことだと思う。それまでたまに感じていた、哲朗に対するモヤモヤした気持ちも一瞬で消えていった。

哲朗だけじゃない。働いてくれているメンバー一人ひとりに色んな葛藤や物語がある。存在していること自体が奇跡だ。一緒に仕事しているなんてとんでもない奇跡だ。そんな大切なことを思い出させてくれた時間だった。

僕たちは会社では、仕事のやり方で思いを巡らすけど、相手を思いやればそれだけで解決することもたくさんある。

二人で遊ぶ時間。そういう、一見無駄な時間。それが本当に大切なものになるんだ。

二人で号泣した後に見たセドナの星空は、今まで見た中で一番きれいな空だった。

ii バーニングマンで味わう、自己表現することの大切さ

バーニングマンというギブアンドギブの場所

去年の夏、僕はバーニングマンに参加した。

バーニングマンは、世界中からクリエイターや旅人が集まる世界最大の奇祭と言われている。毎年8月、アメリカのネバダ州ブラックロック砂漠に約8万人が集まり、1週間だけ街（ブラックロックシティと呼ばれている）とコミュニティを作る。参加者が作る多数の巨大なアート作品を中心に、参加者が全てNo spectator（傍観者になるな）というルールのもと、何かしらの自己表現とギブをする。

ギブアンドギブがベースにあり、お金は介在せず、全てがギブだけで成り立つという場所だ。

ULTRAやスターアイランドなどのイベントを手掛ける小橋賢児さんに、「元ちゃん、絶対に一度はバーニングマンに行ったほうがいい。人とコミュニティの本質がわかるし、そこでの体験はきっと仕事にも生きるよ」と強く勧められていた。

とはいえ、砂漠は過酷だし、忙しいしと、悩んでた。でも、実は、Googleの創業者であるラリー・ペイジとセルゲイ・ブリンもバーナー（バーニングマン参加者の呼称）で、会長になったエリック・シュミットを採用するときもバーニングマンに一緒に行って最終チェックをしたと知り、行くと決めた。シリコンバレーのベンチャーのCEOやアーティストなどはたとえ忙しくても、こういうイベントに参加している。

バーニングマンは、本当に気づきの多い体験だった。

多様性の極致のような場所だった。色んな肌の人、色んな国の人が集まり、お互いに理解し合い、そして自己表現して楽しんでいる。

アートのクオリティの高さにもびっくりだった。飛行機を丸ごと持ってきて、それを半分に切断して中がクラブになっている場所とか。巨大な海賊船を模して作られた動くアートカーもあった。クオリティが高すぎるアートが、誰かのギブで砂漠に燦然(さんぜん)と輝く光景に驚いた。

世界トップクラスの能力を持つ大人たちがやる、本気の文化祭っていう感じだった。

アートも誰かが自分の時間とお金を使って見返りを求めずに制作していた。誰が作ったかわからないアートを見て、みんなが感動していた。

自己表現ができる幸せ。大人になって失ったもの

何より感じたことは、全ての自己表現がギブだっていうことだ。アートを作ることも、その場で踊ることもギブ。ギブに大小や優劣はない。究極的には、その場所に存在すること、それ自体がギブっていう場所だった。

参加者が好きに行っている自己表現の全てが、承認されていた。誰かが評価・判断することがない世界。そのままの自分であっていい。自分を表現することが誰かに対してのギブになる。

そして、人間は見返りがなくても自己表現したい生き物なんだ、全人類が表現者なんだって思った。人の内側から出てくる根源的な欲求の大切さを感じた。

子供の頃は、当たり前のように自分の好きなことを表現できていたのに、大人になるとなんでできなくなったんだろう、と思った。大人になって力がついて、そんな大人た

ちが本気で自己表現してギブをすれば、世界はもっと早くよくなっていくと思う。

携帯もつながらない砂漠の真ん中で、僕は人間の内側の根源的な欲求と、大人になって失ってしまったものの大切さに気づいた。

そして、自分たちの仕事「心を動かす体験を通して一人ひとりの人生を色づける」この意味や、価値を見つめ直せた。これからの時代はこれが中心になる、という確信が持てた。

安心・安全がある世界の中でありのままの自分でいいとなれば、人は自分の根源的な欲求と向き合うし、それを通して自己表現していく。それが世界にとってのギブになるんだ。

iii 「KATSUYA♡学院」という安心・安全のコミュニティ

安心・安全のあるコミュニティの大切さ

僕のメンターでもある勝屋夫妻は、「自分の本質を輝かせる」という目的で定期的にワークショップを開催している。そこでのルールはいくつかあるが、全て安心・安全な場を作ることにつながっている。メンバー全員のコミットにより、その場が作られる。

その中で、自分が感じていることや、日常で気になっていること、解決したいことを分かち合う。出てきた分かち合いに対して、またそれぞれが感じていることを伝えみんなで深めていく。自分と、そして相手とつながりながら、自分の深い感情とつながる場だ。

そして、その中での大きい学びは、自分の中で見たくない自分、許せないと思い込んでいた自分を許すこと。自分のどんな感情も切り離さず受け入れることだ。

ワークショップを通して、どんどん自分らしく生きられるようになってきたし、特にアカツキのメンバーの前では自然体でいられるようになってきた。それでも、無意識でまた頑張りすぎていたり、コントロールドラマに入ったり、本音がわからなくなることもある。

その時に、ふっと自分の感情につながらせてくれる場、ありのままの自分でいてもいいと戻してくれる場はありがたい。

僕はこのコミュニティに本当に助けられている。そして、そういう場に身を置くことを大切にしている。僕自身がもっとハートドリブンを本気で生きたいから。

仕事の中だけじゃなくて、仕事の外でお互いに内側の進化を助け合える、感情を分かち合えるコミュニティにいることは、本当に大切なことだ。

iv　ヴィパッサナー瞑想で得たもの

10日間、完全に会社を離れる

僕は習慣として、忙しい中でも瞑想する時間をとっている。静かな空間で自分の内側と向き合う大切な時間だ。

今年に入って多くの人から「瞑想をやっているなら、一度ヴィパッサナー瞑想に行ってきなよ」と勧められた。バーニングマンに誘ってくれた小橋賢児さんを筆頭に、色んな人がヴィパッサナー瞑想の体験を僕と分かち合ってくれた。

ヴィパッサナー瞑想はブッダが伝えた瞑想とされていて、ヴィパッサナーとは観察するという意味。宗教的な要素は全くなく、全ての人を受け入れる。そして、専用の施設も食事も、全てがボランティアと寄付のみで成り立っていて、誰もそこでお金をもらっていない。

僕が参加したヴィパッサナー瞑想では、朝4時から1日10時間の瞑想を10日間行う。その間は殺生やお酒はもちろんNGな上に「聖なる沈黙」という、10日間誰とも口をきいてはいけない、目も合わせちゃいけないという決まりがある。

10日間僕と全く連絡が取れない状態で会社は大丈夫かと心配したし、参加はかなり迷った。

でも、僕は2019年の今年36歳で、父親が死んだ37歳という年に向けての最後の1

年だ。この1年、改めて後悔なく生きたいと思ったし、周りの人からの勧めも何か大きな流れに導かれている気がして、行くことを決めた。

アカツキが素晴らしいと思うのは、この瞑想について経営メンバーに相談した時、「いいじゃん！　行ってきて！　また元ちゃんが進化して戻ってくるの楽しみ!!　その間は任せてください」って言ってくれたことだ。社内のメンバーも、「元ちゃん、また進化してくるんだね！　行ってらっしゃい」って言って、誰も「この忙しい時に無駄だよ」なんて言わないでいてくれた。きっとそれが大切な時間だって、理解してくれてるんだと思う。シェアするのは少し勇気がいったけど、それだけで、僕はうれしくなった。

会社の代表と10日間全く連絡が取れなくなることは、アカツキのメンバーにとってもさらに当事者意識が育まれる時間になったと思う。

ヴィパッサナー瞑想で感じたこと、真ん中が一番いい

ヴィパッサナー瞑想での10日間はすごかった。正直、人生のトップ3に入る大変さで、何度も途中でリタイアしようと思った。

瞑想しながら自分の体の感覚を観察するんだけど、心と体は一致している、心の状態は体に表れるという考えがベースになっている。

人によって違うかもしれないが、僕の場合は体に意識を何日も集中すると、体が電気のようなビリビリとした繊細な感覚に包まれた。体が波動のように感じられて、溶けていく。一方で、寂しさや悲しみといった心の不浄が出てきて、体に激痛が走る。自分の心の苦しみが痛みとして体に表れてくる。激痛だけど、瞑想中はStrong determination（強い決意）で、体を動かさない。

面白いことに、**痛みをなんとかしようという意識にとらわれると、痛みが増してくる。でも、痛みをただ見つめているとそれは消えていく。**気持ちのいい感覚も痛みも、どちらも同じものだ。快楽に流されるのでもなく、不快を解消するのでもなく、自分の中心にいてただ見つめる。

いつだって、真ん中が一番大切。二元論じゃなくて、中心にいる。陰陽で「陰極まれば陽となり、陽極まれば陰となる」という言葉があるが、その通りどちらにも偏らず、真ん中にいること。それを頭ではなく、10日間の体験を通して学んだ。

それは、僕が以前、ポジティブな感情はよくて、ネガティブな感情はダメだと思っていたことと同じことだ。**どちらもあるがまま、その感情を捉えてみる。そうすると自分の真ん中で生きていけるようになる。**それを深く体験した時間だった。

寂しさによって知る自分の内側のエネルギーの大切さ

そして、10日間誰とも話さない中で襲ってきたのは、寂しさだった。もちろんスマホも使えない。普段自分がいかに寂しさを紛らわすために、SNSやネットに時間を使っているかということをまざまざと実感した。でも、瞑想も後半に入ると、不思議とそういう感覚は消えていった。自分の真ん中、根っこにつながっていく感覚が増し、自分の内側のエネルギーを使えるようになる。誰かからエネルギーを奪うことなく、自分がまっすぐ自分の中心で生きる感覚はこういうものなんだなと思った。

最後に感じる大きな愛とつながり。それを日常世界でも表現したい!!

最後の日に、生きとし生けるもの全てに祈りを捧げる時間があった。僕も、心からの感謝と愛を持って祈ることができた。全てのものが幸せであれと頭の中でも思っていたけど、本当に心から祈ることができたのは、これが初めてだったのかもしれない。それくらい深く感謝できた。

そして、僕はこの瞑想の素晴らしさだけでなく、この場の全てが寄付とボランティアで成り立っていることに感動した。10日間、食事や掃除をしてくれる人は仕事を休んで、ボランティアで来ている。

そのボランティアの人が最終日に、ボランティアをさせてくれてありがとうって泣いていた。誰かに貢献することで、自分自身が何か大切なものを受け取って、感動している。その姿を見て、人の本質は愛なんだなと感じた。バーニングマンで得た感覚がよみがえってきた。

でも、もう一方で、思ったことがある。

ヴィパッサナー瞑想に来るのが2回目以上の人も多い。終わった後に彼らと話していたら、「ヴィパッサナー瞑想に来ると、自分の愛につながっていられるし、この場のエネルギーが素晴らしい。でも、日常生活に戻ると元に戻ってしまう。だから定期的にここに来るんだ」という声があった。

そのことはすごくわかる一方で、日常の中で本来の自分でいられない世界はどこかおかしいと、改めて思った。

ビジネスの世界で、切り捨てられやすいものがここにはある。バーニングマンにもあった。僕は、ビジネスの世界でも、日常の世界でも切り捨てられたものを取り戻していく。本来の自分でいられる場所を増やして、人が自分の愛を大切にできるようにしたい。

それに自分の人生を捧げたいと思った。

改めて、ハートドリブンな世界をみんなで創ることを決めた！

CHAPTER 6

旅を経て思う、ハートを中心とした経営スタイルへ

正しくないと思って、切り捨てたもの。
それを思い出すことが、始まりなんだよ。

i　ハートを中心とした経営スタイルへ

ビジネスで切り捨てられているものを思い出そう

「感情を鍵に、心の扉を開く」

話してきたように、それがこれからの世界で輝くために大切なことだ。企業も、個人も、ビジネスの世界でバリバリやっている人も、そうじゃない人も、自分の内側を進化させて、新しい可能性を開いていく。世界の見方を変えて、自分の行動、在り方を変えていく。

この章では、経営・ビジネスを中心に、僕が考える新しい経営スタイルについて話したい。これからのビジネスで大切だと思うことや組織の在り方を紹介したい。そして、アカツキの中で具体的に行っていることも分かち合いたい。経営に限らず、何かしらのプロジェクトに携わる全ての人に共通する話だと思う。

切り捨てられてきた、目に見えない感情を会社の中に取り戻すことがキーワードだ。なぜなら、1章で伝えたように、これからは感情価値が中心の時代になるからだ。

もちろん、僕は思考も大事だと思っている。何かを実現する時には思考は非常に効果的だ。感情と思考の両方が必要。ただ、感情は見えないから、切り捨てられやすい。だから、感情を中心に扱って、ちょうどいいバランスになると思うんだ。

ii　感情価値・意義を中心に置く

感情価値に目を向ける

これからは、全ての商品やサービスには心が動く体験が必要になる。それはワクワクする体験を付加することかもしれないし、物語や価値観、信念を伝えることかもしれない。もし、組織の中で、機能的な価値の議論が中心になっているなら、少し離れて、感情価値を考えてみよう。

感情価値は、無限大の可能性がある。リソースの制限もないし、原価も関係ない。他社とシェアを奪い合うような競争も、他社を否定する必要もない。自分たちが提供している感情価値は何か。顧客とどういうつながりを持ちたいか。自分たちの哲学は何か。そういうことを問うことが大切だ。

結果として、それはブランドという資産を生み出す。これは、機能的な価値を否定しているわけじゃない。それも、もちろん大切だ。ただ、機能的な価値は目に見えやすいから、そこのみに意識が向いてしまいがちだ。便利さ以外にも、軸があることを意識しよう。顧客を消費者じゃなくてファンとして捉えていこう。その上で、便利さや品質があればそれはなお素晴らしいはずだ。

ニッチなグローバル戦略

多様な価値観の時代だからこそ、〝とんがった〟商品・サービスに価値が出やすい。〝とんがる〟というのは、哲学がクリアで、突き抜けているということだ。多くの人に、そこそこいいねと言われる商品じゃなくて、一部の人たちに熱狂的に好かれる商品だ。

〝とんがる〟という表現をすると、ニッチで市場も小さいと思う人がいるかもしれない。でも、そんなことはない。とんがっている分、コアなファンがつきやすい。コアなファンは、一緒に商品・サービスを広げてくれ、結果、より多くの人に届き、大きな市場になることもある。

熱狂的に好かれる商品は、仮に国内には小さな市場しかなかったとしても、グローバルで見れば世界中にファンができる可能性がある。

そもそも、グローバルではより多様な人々を相手にサービスを提供していくので、誰がターゲットかわからないようなマス向けの商品・サービスは見向きもされない。だから、これからの時代はとんがっていることが大切だ。〝マス〟という言葉に惑わされずにいこう。〝マス〟なんて顧客は存在しない。みんながいいと言う商品じゃなく、好き嫌いが分かれる商品のほうが可能性がある。だから、組織でもとんがっているものが潰されないようにしよう。

Why（意義）を中心に置いてスタートする

ブランドは意義から作られる。感情価値が中心の世界で、ブランドが大切になるということは、意義と信念が大事だということだ。意義・信念がクリアであれば、人が共感する大きな力になる。それは顧客だけじゃなくて、働く人々の心も動機付ける。

アップルはWhyからスタートして卓越した企業になった

サイモン・シネックのゴールデンサークル理論をご存知だろうか。

２００９年「TED Talks」で「優れたリーダーはどうやって行動を促すか」というテーマでプレゼンをし、人々をインスパイアする方法を説いた。このプレゼンの動画は、４６００万回以上再生されている。

この中で、アップル、マーティン・ルーサー・キング・ジュニア、ライト兄弟を例に出し、当時、他にも同じ挑戦をしていた人々はいたのに、なぜ彼らだけが卓越した成功を得ることができたのかを説明している。そこには、人々をインスパイアし、卓越した成功を出すためのパターンがあった。それがゴールデンサークル理論だ。

サイモン・シネックは、Why（なぜ）、How（どうやって）、What（何を）の三つに注目してそれを説明している。どんな組織も何を（What）やっているかは理解している。どうやって（How）やっているかも理解している組織はある。でもなぜ（Why）やっているかを理解している組織は極めて少ない。利益はWhyとは関係ない、Whyは意義・目的だからだ。

優れたリーダーはこのWhy、How、Whatの順番が他とは逆だ。多くの組織は、Whatからスタートする。そしてだいたいHowまで説明して終わりだ。優れたリーダーはWhyからスタートしてWhatまで説明する、としている。興味のある人は、TEDの動画を見てみてほしい。

たとえば仮に、アップルが一般的な会社として、自分たちを説明するなら、「私たちは素晴らしいコンピューターを作っています。ファッショナブルなデザイン、操作はシンプルでユーザーフレンドリー。どうですか？」だ。それで商品が欲しくなるだろうか？

彼らはWhyから説明する。するとこうなる。

「私たちは世界を変えられると信じています。そして常に既存の考え方とは違う考え方をします。世界を変えるために美しいデザインかつ機能性に優れた製品を世に送り出そうと努力するうちに、このような製品ができあがりました。お一ついかがでしょうか？」

どちらのほうが購買意欲が増すか、ファンになるか、ブランドとして強くなるかは明白だ。

これからの時代は、今まで以上に、意義（Why）が全ての中心になる。競争戦略をたくさん考えるより前に、Whyをクリアにして、Whyをどう伝えるかを考えたほうが、圧倒的に価値がある。

Whyからスタートする、カラフルキャンバスという経営管理法

全ては「Whyからスタートする」だ。アカツキでは、全てのプロジェクトの必須ルールにしている。アカツキにはカラフルキャンバスというプロジェクト管理の仕組みが存在していて、プロジェクトをスタートする時に答えるべき問いが用意されている。僕らはその問いを「Great Question」と呼んでいるが、その中の最も大切な問いが、このプロジェクトをなぜやるのか＝Whyについてだ。

たとえば、アカツキが開発した「八月のシンデレラナイン」という、女子高校生が甲子園を目指すゲームがある。女性という性別が理由で、甲子園に行くことができない高校生が、葛藤の中でそれでも一歩踏み出していくという物語だ。このプロジェクトのWhyは、そのゲームを通して、人々に「色を失いがちな心に青春の輝きを取り戻してもらう」ということを目指している。

これが業務改善チームになると、一人ひとりのワクワクが大切だという信念のもと「事業部のみんなが《自分の大好きなことに集中できる環境》を作っていく」というこ

とをWhyにしている。

人事チームのWhyは、「人生が輝く働き方を創造する」という言葉でまとめられている。一人ひとりの輝きこそが事業につながると信じている。人の成長と事業は両立する。意思ある仲間たちとの対話を通して、自己成長の試練を乗り越え、その旅路を一緒に楽しみ、お互いが貢献し合う体験を提供する。この体験を発信して「人が働く」を通じて「人生が輝く」と感じられる世界を実現することが彼らのWhyだ。

アカツキでは、全社で各プロジェクトの情報を共有する時にも、Whyのシェアから入る。**Whyには正解がない。正解がない問いをチームで考えるプロセスを通して、一人ひとりがこのプロジェクトに携わる理由に向き合う。合理的じゃない、このプロジェクトとチームの願いや祈りが表れてくる。**

Whyが明確だと人を惹きつけるし、仕事で大変な時も、揺るぎのない指針となる。アカツキの中を見ていても、Whyを大切にして、強く共有しているチームのほうが、成果も出ていると思う。

iii 分かち合いを中心としたハートドリブンな組織

〝分かち合い〟は感情を取り戻す強力な方法

会社やチームの中に感情を取り戻す時にもっとも重要なキーワードは〝分かち合い〟だ。

僕はアカツキの中で、分かち合いをもっとも大切にしている。

分かち合いは、自分の内側にあるものを、ただ周りと共有するっていうことだ。

たとえば、アカツキでは、毎週メンバーみんなが集まる定例ミーティングがある。そこでは、各プロジェクトチームが全体で共有したいこと、経営陣が最近感じたことを話したりしている。ちなみに月に1回は僕が最近感じていることを話す「元ちゃん'sトーク」というコーナーもある。これも、気づいたこと感じたことをピュアに分かち合う時間だ。

一般的な会社ではプロジェクトの発表の場で、誰かが話を終えたら質疑応答の時間を設けると思う。でも僕らの場合は分かち合いの時間をとる。発表の後、4～6人程度で輪になって、今の話を聞いて「何を感じたのか、どう思ったのか」を15分くらいでそれぞれ分かち合う。個人がどんな感想を持とうが自由。たとえば、「元ちゃんの発表、全然つまらなかったね（笑）」と言ってもOK。

何を表現しても大丈夫。質問じゃなく分かち合いになると、思考じゃなく、自分がどう感じたかという感情の世界に入る。そして、感じたことを表現できる場は、心理的安全性を担保してくれる。

そして、他の人が感じたことも受け入れるという文化になる。

分かち合いだから、当然感じたことは人それぞれ違う。他の人の分かち合いを聞くことで、色んな見方に触れて、違う考え方を受け入れられる。

普段の仕事だと見えにくい相手の内側が少しでも見えることで、より深くつながれる。

4章でお話しした「理解と同意を分ける」という考え方の体感にもつながるんだ。分かち合うというシンプルなことが、感情を組織に取り戻し、より深いつながりを生み出す。

〝モヤモヤ〟を分かち合う

アカツキでは、〝モヤモヤ〟という言葉がよく使われる。プロジェクトによっては、モヤモヤリストというものも作っている。モヤモヤは、自分の中で何か違和感があったり気になったりしていることだ。

「なんとなく○○だと思う」とか「なんか気持ち悪い」と言うと、一般的に社会では、「なんかってなんだ、きちんと説明して」ということになりかねない。

それ以降はもう、言語化できない違和感は会話のテーブルに上がらなくなってしまう。

でも、**違和感は可能性**だ。もしかしたら、チームが見たくなくて目を背けている重大なリスクかもしれない。違和感を素直に表現できれば、その違和感の正体をみんなで話し合うことができる。それは結果的に、プロジェクトの成果を高める。

そして、これはプロジェクトの成果だけの話じゃない、自分の感情も同じだ。自分の内側にある違和感に気づく。最初は言語化できない感情でいい。その感情は自分の進化への可能性だ。それを周りと分かち合うことができれば、認識できる。認識できれば行動も変わっていく。

ニワトリを殺さない。感情的な安心・安全の担保

企業やプロジェクトで感情を分かち合おうとしても、普通の人にはなかなかできない。なぜなら、感情をさらけ出すことは、自分が無意識で纏（まと）っている鎧（よろい）を脱ぐようなもので、人からの攻撃に対して、無防備になる。自分の感情を分かち合って、全否定されたり、攻撃される恐れがあると、人は心の扉を閉めてしまう。

世界のホンダを作った本田宗一郎の教訓に「ニワトリを殺すな」というものがある。『ニワトリを殺すな』（ケビン・D・ワン著）によると、傷ついたニワトリを檻に入れると、他のニワトリが寄ってたかって傷をつついて殺してしまう習性があるという。失敗やミスをした人を無意識にみんなで責め立ててしまう。こういうシーンは企業やプロジェクトの中で、誰しも目にしたことがあるのではないだろうか。

だからこそ、分かち合いが許される、ニワトリを殺さない、安心・安全な環境が必要だ。

アカツキには、僕たちの大切にしている言葉をまとめた『アカツヤのコトノハ（言の葉）』という本がある。その中でもニワトリを殺さない文化、減点主義で人を評価しないこと、失敗を財産にすることを大切なものとして強調している。

具体的には、次のようなことが場作りに貢献しているかと。参考になればと思う。

・拍手の文化

アカツキには、拍手の文化が存在している。誰かが何かを発言したら、それに対して拍手をする。拍手は、それが素晴らしいと賞賛している面もあるが、何より、その発言があっていいっていう承認を示すことができる。拍手があると承認の文化は高まる。

・理解と同意を分ける

これは、4章で述べたことだが、理解と同意を分けることが大切だ。自分と違う意見でも、まず「そう感じたんだ」だけでいい。理解が先にあるから、安心・安全が担保される。

そして、誰かの発言を理解することは自分が理解されることにもつながる。『7つの習慣』の中の第5の習慣「理解してから理解される」だ。それが巡る環境の安心感は大きい。

・チェックイン。今の状態を分かち合う

僕が参加する会議では、よく、「じゃあ、チェックインしようか」と言って会議をスタートする。

チェックインとは、コーチングでよく使われる手法で、ミーティングの前などに、今気になっていることや感じていることを簡単に分かち合うというものだ。一人1分くらいでいい。仕事の中だと色んなことを考えているから、今この瞬間に集中することは結構難しい。ミーティング中にも、次のミーティングや他のことを考えたりしがちだ。チェックインをするとそれが可能になる。

そして、チェックインでは、気になっていることや、自分のことを分かち合って、理解してもらえるから安心してミーティングに臨みやすい。

たとえば、僕もミーティングの前に「さっき、トラブルが起きたっていうチャットが

来たから、心配で今心がざわざわしてる」とか、「昨日の会食で帰りが遅かったから、今眠い」などと分かち合う。そうすれば周りのメンバーは、僕の状態が理解できて安心するし、僕も周りに自分の状態を理解されているので、無理なくミーティングに臨むことができる。

具体的な例を三つ紹介したが、安心・安全な場の作り方は他にも色々とある。でも、何より大切なのは、その場の一人ひとりが、安心・安全な場作りにコミットすることだ。誰しも安心・安全な空間を望むけど、それは誰か一人が作るものじゃなくて、みんなで作るものだからだ。

iv　無駄や遊びが価値を作る

クリエイティブなもの・アート・遊びを組織に取り入れる

感情や心の表現は、その人の意思も大事だけど、その環境の雰囲気・空気感が大切だ。

アカツキのオフィスでは、はだしで仕事をしている

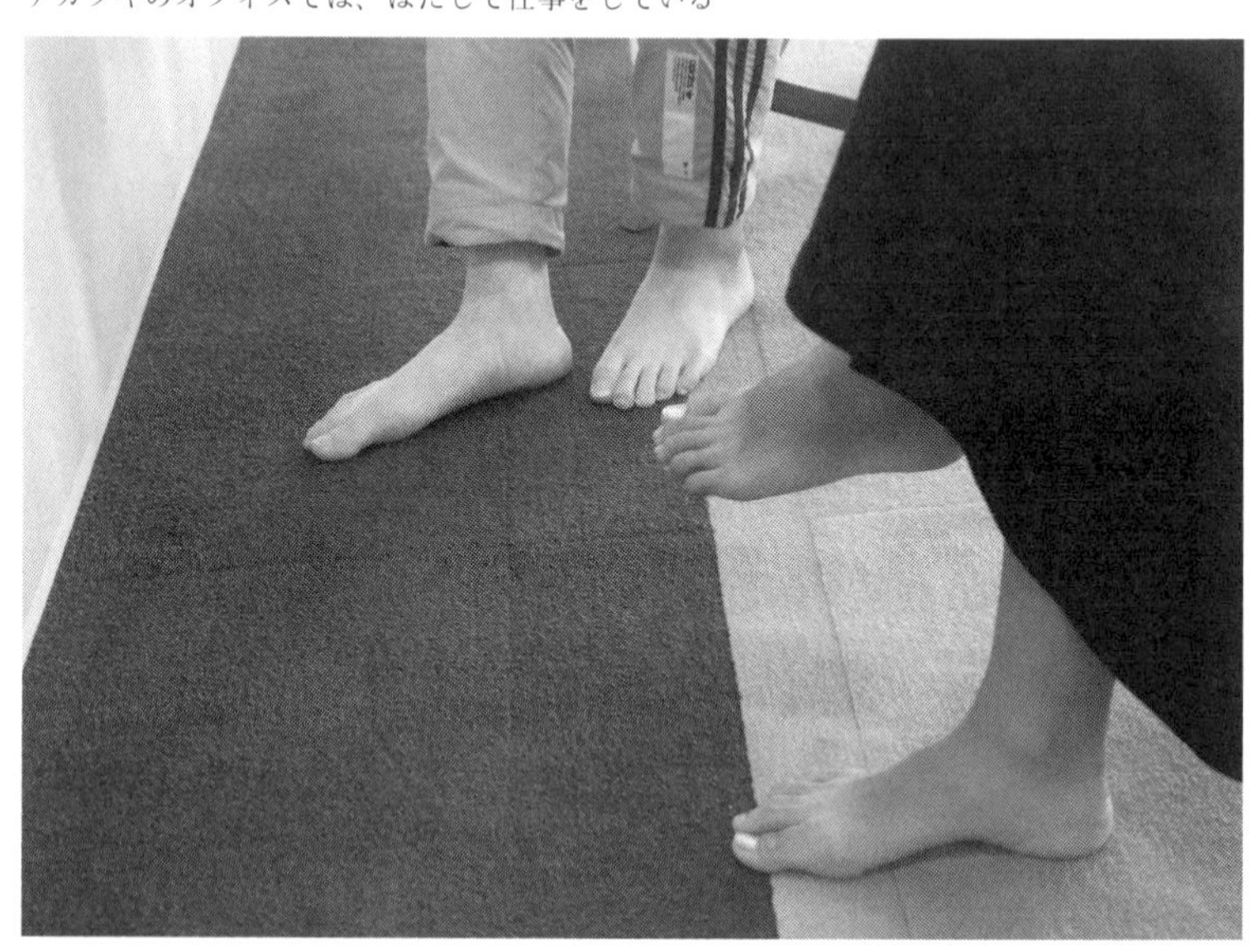

職場では忙しくてイライラしている人も、自然の中に入ってキャンプをすると、その場所の空気によって、自分の感情につながった自然体の姿が出てくる。

僕と哲朗がセドナでハグできたのも、心が開くエネルギーが高い場所の力もあったと思う。アカツキでは、オフィスの中にアートやクリエイティブなもの、そして色んな遊びがある空間を用意している。ライブラリースペースや、世界の遊び道具が置いてある場所もある。音楽が流れている場所もたくさんある。余白ある空間を作っている。素晴らしいアートやクリエイティブなものに触れるとハートが開く。

オフィスではだしになるのも、その一つだ。創業してからずっとアカツキのオフィスははだし文化だ。スリッパを履いているメンバーも多いけど、会社の中では靴を脱ぐ。日本人は靴を脱ぐと、家にいるような感覚で、自然体になる。みんな床に座ってミーティングしたりする。床に横になってもいい。僕もオフィスの中ではだしで駆け回ってる！

遊びのある空間を作り、場のエネルギーや雰囲気を高めるのはとても大切だ。

ちなみに、経営会議とは別に、僕と哲朗は毎週1on1をして、二人で1時間くらい色んな話をしているけど、その時は必ず哲朗が、その時好きな曲をかけてくれる。音楽の中で話すから、軽やかに分かち合いができる。

無駄・無価値・無邪気な余白の時間を作る

これからの時代、無駄なことも価値を持つ。僕は、大切なものを三つの〝無〟で表現している。〝無駄・無価値・無邪気〟なことだ。

ビジネスにおいては、最適化しすぎることが仇になることがある。一見無駄に見えるが、子供のようにワクワクすることが価値を持つ時代だ。

たとえば、ゲームもＫＰＩ分析してＫＰＩに合わせたチューニングをしすぎると、結果、売上が下がるということが起こる。一方で、ＫＰＩのことを考えず、チームメンバーがワクワクするような機能をゲームに入れると、それが喜ばれてＫＰＩが伸びるということも発生する。

合理的には説明できないことかもしれない。でも、ワクワクする、なんか面白いということがファンを作る。**これからの時代、「意味があるんですか？」と切り捨てられていたものに価値が宿る。無駄で無価値と言われていたけど、無邪気に楽しめること、そういうものが目に見えない価値になる。感情価値を作る。**

でも、その価値は見えにくいものだから、会社や組織の中では大切にしづらいことが多い。

だから、組織の中でも、積極的に無駄・無価値・無邪気なことをやって、それが許される文化を作ることが大切だと思う。そういう余白が組織には必要だ。

ここでは、無駄で無邪気な余白作りのための、アカツキでの取り組みをいくつか分かち合おう。

・雑談は大切な時間

これは、アカツキの大切な考え方だ。メンバーも普段はものすごく忙しい。僕だって、ミーティングが立て込んでいてトイレに行く時間すらないこともよくある。だからこそ、雑談をする余白や時間はすごく大切だ。

一見無駄な会話から、感情につながれたり、面白いアイデアが生まれることも多々ある。アカツキのオフィスには「SHINE LOUNGE（社員ラウンジ）」とネーミングした広いエリアがあるが、そこはコーヒーを飲みながら雑談しやすい空間になっている。また、アカツキでは隔週で役員が集まるグループ経営会議をやっているが、2時間のうち最初の1時間くらいは雑談している。チェックインの流れで話がどんどん膨らんでいく。アジェンダも大切だけど、アジェンダを気にせず、それぞれのことを分かち合ったり、思ったことを好きに話す時間は大切だ。会議の後半になって、誰かが「今日のアジェンダなんだったっけ？」っていうことも多々ある。

雑談の素晴らしさは、すぐに正解を出そうとせずに、一緒に問いに深く潜っていけることだ。雑談の時間に、気になっていることや、未来についての話などが出てくる。結果、雑談の中で大きなことが決まることも多い。

取締役会でも雑談をよくする。知人の経営者に僕が楽しそうにアカツキの取締役会の話をすると驚かれる。最近感じていることや、悩み、大切にしたいことがざっくばらんに語られる。僕自身、アカツキの取締役会は楽しい！　社外取締役や監査役の人といった色んな視点からのフィードバックを得ることができる。もちろん監査やガバナンスの観点は大事にしているが、コントロールが存在しない。信頼関係の中で、本質をずばっと議論できる。結果、ものすごく効率のいい取締役会になっていると思う。

雑談という一見無駄なものが、結果として実はものすごく効率的に機能していると思う。

・全社合宿で行うアートワークと自己表現

半年に1回、アカツキ全社員が集まる合宿をやっている。創業2年目のしんどい時からやり始めて、普段忙しくて後回しにしがちな大切なことに向き合うための時間にしている。『7つの習慣』でいう、第2領域の「緊急じゃないけど、重要なこと」だ。創業8年目くらいまでの合宿は、アカツキの文化について話したり、それを感じたりするワークが中心だった。各プロジェクトへの理解を深める時間にもしていて、合宿にも目的と成果が明確に存在していた。

でも、僕自身の内側も進化を経て、今まで以上に色んな正解があってもいいと思った。だから、合宿もそれに伴って、一つの正解を求めない場所、Anything OK! がコンセプトの場になった。

合宿でさまざまな体験を用意して、体験を通して、メンバーが必要なものを受け取って、普段の仕事に戻っていく形にした。目的や意味がより曖昧な分、合宿の効果を説明するのが難しくなったけど、それが大切だと思っている。

2019年2月の冬合宿では、語りたいテーマごとにグループを作り、そのテーマについて自由に雑談した。その後、その雑談のイメージを持ちながら、みんなでペンキを使って絵を描くことをやった。それぞれのグループが、はちゃめちゃになりながら絵で表現するっていうシーンは壮観だった。

この合宿では絵を描くことで、自分の内側にある感情を解放して、自己表現してほしかった。

結果、グループは各々好きに自己表現して、ものすごく面白い時間になった。

実は、語りたいテーマを「ネガティブな感情」としたグループがあった。このグループは「ワクワクすること」のグループより、盛り上がっていたようだった。僕もそこに交じって会話したけど、アカツキの中で働いていて嫌だなって思うことなどを、どんどんテーブルに出していった。楽しそうに、ネガティブなことを話していた。それはすごい可能性だった。由佐さんが言っていたネガティブもポジティブも全部あっていい、その上で真ん中で生きるっていう世界を垣間見た感じがした。

また、合宿では、絶対認めたくない自分の性格を、キャラクター化して表現するワークも行った。僕の場合、実は結構な臆病者なので「箱入りビビり小僧元規」というキャラクターを描いた（笑）。これも自分の中で切り離していたものを取り戻すワークだ。それ以上に、それを周りにキャラクターとして理解してもらえることで、自己理解・相互理解が促進されて、より自分の存在も愛せるようになる。

この合宿も進化の途中だから、やってみると賛否両論は常にある。アートワークをやった２０１９年２月の冬合宿後のアンケートも、賛否両論だった。「すごく楽しかったし、たくさんの気づきを受け取れた」っていうものから、「明確な合宿のゴールがなくて不安だった」「忙しい中、こんなに時間を割いて、これは意味があったのだろうか」という意見まで。でも、アンケートの熱量やコメントの多さは、今までの合宿で一番だった。

・〝ハートドリブンフェスティバル〟という周年祭

アカツキは4期目から、周年祭を開催している。年に一度、社内で祭りという形で、みんなで1年の労をねぎらい楽しむ。そういう時間を大切にしている。

そういう時間が、お互いのつながりを育み、また1年頑張ろうっていう気持ちにさせてくれる。

そして、２０１９年の今年からは、周年祭が進化して〝ハートドリブンフェスティバル〟という形になった。

バーニングマンで僕が感じた、普段我慢している大人が、心に従って自己表現する世界の素晴らしさ、子供の頃の当たり前を思い出す大切さを取り入れて、「1年で1日だけ大人が子供に戻って本気で遊ぶ文化祭」っていうコンセプトで実施した。

文化祭だから、会社が周年祭のコンテンツを提供するのではなく、メンバーそれぞれが、自分たちの自己表現を楽しむ場だ。参加者に誰もお客様がいない、全員がギブし合う場だった。

そして、社内という枠も外して、友達の会社など、外部にも声をかけたら、色んな人々が参加してくれた。アカツキ以外の会社を含め、参加者は700人を超えていた。結果、そこで自主的に生まれたコンテンツは40以上！　ライブ、ゲームコーナー、料理コーナー、Tシャツやオリジナルシューズ作り、スナック、アート作品展示コーナー、瞑想コーナーなど、カオスで多様なコンテンツがそろった。

これまでの周年祭は幹事を中心に頑張ってコンテンツを企画していたけど、今年からはやりたいことをやりたい人が表現して、結果、コンテンツのクオリティもどんどん上

ハートドリブンフェスティバルでのステージ。「Calling」を歌いジャンプする僕

がるし、それぞれが遊びたい場所に行って楽しむ時間になった。

そして、なんと、僕の友達が「Calling」というハートドリブンフェスティバルのテーマソングまで作ってくれて、最後はみんなでそれを大合唱した。最後の曲は僕と哲朗を中心にみんなで合唱したんだけど、その光景があまりに素晴らしくて、この場にいられることがうれしくて歌いながら号泣してしまった。

つながりの中で自己表現する、まさにハートドリブンな世界を体験できた。それを体験したみんなが、何かを受け取って仕事の中でもまた自己表現して

いってくれるんだと思う。

そして、1年に1回は大人が本気で遊ぶ文化祭を、ムーブメントにしたいなと思った。会社の外と中の境界線がない。ビジョンに共感した仲間で場を作る。色んな会社が1日仕事を休みにして、本気で遊ぶ世界を作りたい。来年はアカツキも10周年だから、さらに一歩踏み込んでチャレンジしたい。

ハートドリブンフェスティバルは、まさに、無駄・無価値・無邪気なことだ。でも、自己表現は、人の心をワクワクさせる。そういう馬鹿だけど面白いことをやれる会社には、面白い人が集まる。それは仕事でも大きな影響がある。メンバーも仕事でももっと挑戦しようとする。組織の中に、クリエイティビティがもたらされる。

その一つの例が、僕らアカツキにとってはハートドリブンフェスティバルだった。

V これからのリーダーシップ。「完璧」よりも「幸せ」なリーダーへ

リーダーが完璧であることを手放す

僕自身がそうであったように、リーダーは完璧なリーダー像にとらわれやすい。そもそも完璧なリーダーというものは、あるわけがない。人によってリーダー像は違うし、リーダー像は観念が作った幻想だ。

責任がある立場だから、人より優秀じゃないといけないとか、人に頼ってはいけないとか、弱みを見せたらいけないという観念にとらわれていないだろうか。そして、自分に無理をさせていないだろうか。

でも、

リーダーが無理をしている組織は、メンバーも無理をする。
リーダーが自分の感情を隠していたら、メンバーも感情を隠す。
リーダーが安心・安全を感じていなかったら、メンバーも安心・安全を感じない。

強くあろうとすることと、弱みを見せないことは違う。

メンバーは、本当はあなたを助けたいと思っているかもしれない。勇気を持って、リーダー自身が弱みも含めて自分の中にある感情を素直にメンバーと分かち合っていく。

リーダーが、自分の感情を分かち合えば、メンバーも分かち合ってくれる。お互いに安心・安全な場を作る。**リーダーは完璧を求めて自分を犠牲にしなくていい。**困ったらみんなと分かち合えばいい。リーダー自身も幸せで、周りも幸せにするというハッピーな在り方は、組織に素晴らしい影響を与える。メンバーも幸せになっていいんだって思える。

仕事を楽しそうにしている父親を見れば、子供も仕事は楽しいんだと思うのと同じように、リーダーの在り方は、メンバーの在り方を変えていく。

だから、自分の感情を丁寧に扱おう。自分の時間を持とう。もし、メンバーの前だとかっこつけてしまうのだったら、会社やプロジェクトの外でいい。メンターと、もしくは安心・安全なコミュニティで自分の本心を分かち合おう。その応援をもらえれば、メンバーとも勇気を持って分かち合える日がくるはずだ。

vi　感情価値は日本の可能性を開く

感情価値を大切にすることこそ、日本の可能性だ!!

これからの時代のビジネスや組織で大切なことを分かち合ってきた。

この章の最後に、僕が思うビジネスでの日本の可能性について伝えたい。

僕は、心の時代に世界がシフトしていくことは、日本にとって大きな可能性だと思う。これからの時代は、文化やアートといったものがより価値を持つ。歴史やストーリーが大切になるし、ハイコンテキスト（抽象的、概念的、非言語）な説明しづらいものへの理解が必要になる。それは日本が得意なことだと僕は思う。何より、日本にはすでに目に見えないブランドとなりえる資産がたくさんある。独特な文化がある。感情価値や意義が大切になる中でそれはすごい可能性だ。

逆に機能的価値や便利さだけで、グローバルに飛び抜けた価値を創出できるのだろうか。僕は海外のインターネット企業の人々と話す機会が多いから、その難しさを感じている。Google や Amazon のすごさは痛切に感じるし、正直、彼らが提供するもの以上に機能的で便利な価値を生み出すのは難しいと思っている。全ての人が共有する、明確でわかりやすいニーズに応えることは、彼らの得意分野だ。たくさんのリソースを投下して機能的価値のクオリティを上げている。さらに言えば、ＡＩで機能的価値はより高められているけど、ＡＩの学習に必要なデータ量だって圧倒的に彼らのほうが上だ。アメリカの企業だけじゃなくて、中国の企業だって投下しているリソースのケタが違う。シンプルでパワーが重要な領域は、彼らの得意分野だと思う。

だから、シンプルでわかりやすく、リソースを投下することで価値が上がる、機能的価値の差別化で世界と渡り合うのは僕は正直、厳しいんじゃないかなと思っている。

でも、感情価値に目を向けたら、日本は可能性の宝庫だ。

シンプルじゃなく、複雑で、独特で、ハイコンテキストなもの。思想、哲学、物語、文化など。そういうものを強みにしていけば、世界で羽ばたけるのではないだろうか。

ビジネスにおいて、世界で突き抜けるブランド、世界の人たちがファンになるようなもの、そういうもので世界に必要とされる国や企業になっていくことは、大きな可能性があることだと僕は思っている。

だからこそ、ビジネスの世界でも、感情価値に目を向け、そして、感情を分かち合える組織を作ること、一人ひとりが自分の内側を丁寧に扱うことが大切だと思う。

CHAPTER 7

さぁ、ハートの扉を開く旅を一緒にスタートしよう

旅は道中にこそ価値があるんだよ。
歩いていく一歩一歩が大切なんだ。

さぁ、あなたの真実を思い出そう

ここまで、これからの心の時代と、その中で感情を鍵に内側（魂）を進化させることの大切さを分かち合ってきた。

この本を読んで、今、あなたの心にはどんな感情、どんな反応があるだろうか？　もしかしたら、自分のモンスターに気づいた人もいるかもしれないし、これからの世界を不安に思う人も、ワクワクしている人もいるかもしれない。

僕自身が起業家だから、ビジネスの話が多かったかもしれない。でも、お伝えしたように、この本はビジネスの成功方法を書いた本じゃない。

手法じゃなくて、在り方、感情、内側といった目に見えないものを分かち合う本だ。だから、僕も自分の物語を内側の葛藤も含めてさらけ出して分かち合ってきた。正解がない分、わかりにくいと思ったかもしれない。でも、だからこそ、あなたの心の声に耳を傾けてみてほしい。

あなたの内側で感じることは、あなただけのものだ。大切な正解や真実は、外側じゃなくて、あなたの内側にある。あなたはどういうふうに生きていきたいだろうか。あなたの人生を何色に輝かせたいだろうか。あなたの魂が叫んでいることに耳を傾けて、忘れていた何かを思い出してほしい。そして、自分の内側、心、魂を大切にする旅をスタートしてほしい。

遠回りも悪くない。道中を楽しもう

その旅を歩み始めると、そんなに楽な道じゃないと感じる人も多いと思う。

感情を丁寧に扱おうとしても、自分の感情を切り離して、心の扉を閉ざしてしまうこともある。心の扉が開く分、今まで当たり前にできていたことに違和感があってできなくなることもある。僕自身、上場企業経営者としてのプレッシャーで葛藤して感情を扱えない時もあった。心が開いた分、昔は普通にこなせた会食や接待やミーティングの時間に対して、かつてはなかった違和感にとらわれることもある。

だから、あなたもこの旅をスタートしたら、感情を麻痺させたほうが楽だと思う時もくるかもしれない。でも、あなたの魂はそれを超えて、本当の自分の人生を生きていきたいんだ。

楽をして人生を終わらせたいわけじゃない。

だから、旅をスタートするあなたへ、最後に僕から大切なことをお伝えしたいと思う。それは、人生は旅行じゃなくて、旅だということだ。旅行と違って、目的地が明確じゃなくてもいいし、目的地にたどりつくかどうか以上に、この道中を楽しんでいけばいい。歩いている道自体に価値がある。

僕は、イチローさんが引退会見の中で、生き様に関する質問への回答として語った言葉が好きだ。

「一気に高みに行こうとすると、今の自分の状態とギャップがありすぎて続けられないと僕は考えているので、地道に進むしかない。進むだけではなく、後退もしながら、ある時は後退しかしない時期もあると思いますが、自分が『やる』と決めたことを信じてやっていく。それが正解とは限らないし、間違ったことを続けてしまうこともあるんですけど、そうやって遠回りすることでしか、本当の自分に出会えない」

僕の起業家としての物語も、3歩進んで2歩下がるだと思う。
遠回りしたっていいじゃないか！　歩いてきた道全てが大切な宝物だ。

そう思えば、旅で起こる出来事の全てがあなたにとってのギフトだということに気づくだろう。

僕は、苦しかった日々も、父親の死も、全てが魂の進化を導くギフトだったんだと今は思う。内側を大切に、色んな旅の出来事、そのギフトを安心して味わっていけばいい。

勇気を持って踏み出そう。あなたの在り方が世界を変える

未知の世界はいつだって怖い。でも、勇気を持ってあなたの旅を始めよう。

あなたがあなた自身の感情や内側を大切に扱う。あなたの中の真実を大切にする。勇気を持って、あなたの魂が生きたい人生を歩んでいく時、それは多くの人に影響を与えていく。なぜならば、いつだって変化はたった一人の勇気から始まるからだ。

あなたが自分自身を大切にすれば、同じように、周りの人の存在も大切にできるようになる。自分を大切にした分だけ、つながりの中で、一人ひとりが輝ける世界になる。

時代は令和だ。僕らは新しい時代に生きているんだ。令和は「Beautiful Harmony（美しい調和）」と表現される。調和の中で、「一人ひとりが大きく花を咲かせる」という願いが込められた時代だ。

あなたが、あなたのハートと魂につながって、自分自身を大きく咲かせる時代だ。

これからのカラフルな世界で一緒に遊ぼう

僕も、みんながつながりの中で自己表現しているカラフルな世界を見たい。

僕は起業家で経営者だ。だから、ビジネスの世界でも、Doing（事業）とBeing（在り方）の両方で、カラフルな世界を表現していきたい。心を動かす体験を通して、一人ひとりの感情につながる時間を取り戻す。内側を開いて、進化させていく。

そして、僕ら自身がハートドリブンに生きていく。ビジネスの世界で切り捨てられている、子供心や、遊び心、感情を大切にする会社になる。心や感情などの目に見えないものを大切に扱う会社が結果的に成長していくことを示したい。

僕らアカツキも、勇気を持って一歩ずつ歩いていく。

より多くの企業が、より多くの人々が、感情や心を大切にしていく世界へ。
つながりの中で、一人ひとりが胸をはって自分が生きたい人生を生きている世界へ。

アカツキだけじゃなくて多くの会社、多くの人々と一緒にその旅を歩んでいきたいし、
何よりこの本を読んでくれたあなたとも一緒にその旅を歩みたい。

そして、みんなで、ハートドリブンな世界で自己表現しながら遊ぼう！
さぁ、感情を鍵に心の扉を開こう。ハートドリブンに生きていこう。
一人ひとりが自分の魂とともに生きる時、世界はカラフルに輝き出す！

EPILOGUE

つながりの中の奇跡

壮大な旅の中で、僕たちは約束して
この場所に集まってきたんだ。

この本の執筆も僕に大きな進化をくれた

この本を執筆する中で、僕自身も自分の内側にたくさん向き合った。勇気のいる作業だったからこそ、自分の深い感情につながれた。執筆自体が僕の進化とセットだった。

だから、執筆期間に自己変容が起こり、リアルタイムで環境も変わった。奇跡のようなことがたくさん起こった。内側の進化が一瞬で世界を変えることを目の当たりにした。そのおかげで、時代が変わった、夜は明けたということに、今は執筆前よりはるかに確信を持っている。

最後に、執筆のプロセスの中で起こったことをもう一つ分かち合いたい。

哲朗とのパートナーシップの深まり

この本でも何度も哲朗との話は出ているけど、執筆中に起こったことを分かち合いたい。

アカツキのCOOである哲朗は、グループ会社であるアカツキライブエンターテインメントのCEOも兼務している。そこで手掛けているアソビルは、グループ全体としても初の、リアルで大規模な場所作りをするという、本当に難しいプロジェクトだった。哲朗自身のプレッシャーも大きかったと思う。

立場や責任は時として本当に人を苦しめる。僕が以前苦しんだように、哲朗自身もすごく苦しんでいたと思う。成功させてプロジェクトのメンバーを守らなければという思いも強かった。その分、ここ1年半くらいは、顔もこわばっていたし、余裕がないように僕には見えていた。感情を麻痺させて、頑張っているように見えたし、今までの哲朗とは違う人に見えることもあった。周りのメンバーも心配していたし、不安にもなっていたと思う。

昔の僕だったら、「余裕を持ってメンバーに接しなさや」とか「リラックスする時間を無理してでもとらないと」とか言って、心配しながら、どこかで、哲朗を変えようとしていたと思う。でも、僕も哲朗の苦しさを理解していたし、自分が苦しい時に哲朗が助けてくれていたことも思い出して、哲朗を見守れるようになっていた。

だから、哲朗のプロセスを尊重して、彼が受け取れる、必要とするタイミングがあれば何か伝えようと思った。でも、すごく心配はしていたし、いつかまた自分の感情とつながって、本当のあいつが戻ってくればいいなと願っていた。

実際、この本を執筆して、哲朗に本の内容を分かち合い、僕自身が自分のハートや過去の傷に一段深くつながったら、哲朗のハートが急速に開いていった。

今まではできなかったけど、1on1の時間に、「最近、表情が怖いよ」などということを、率直に分かち合えたし、哲朗も素直に聞いてくれた。そして、哲朗も「最近、感情が麻痺してしんどかった」っていう話を分かち合ってくれた。久々に、本当のあいつの姿を見れた気がして、無茶苦茶うれしくて、号泣してしまった。

哲朗を変えようと頑張らずに、自分が変わったら、哲朗の心の扉も開いた。

そして、僕は、相手を変えようとしていた時とは全く違う、目の前のありのままの存在を心から承認できる喜びを味わえた。本当に愛おしかった。

自分が変われば、世界が変わっていく。もちろん、今までも体験していたけど、その変化のスピード感に驚きと感動があった。

これからの時代こそ、つながりの奇跡と軌跡を思い出そう

本当に時代は変わったんだなと思う。もう夜は明けたんだなと。

この時代、内側の進化が周りに与える影響はどんどん速く、大きくなってくると思う。

最後に、こんな時代だからこそ、大切だと思うことを伝えたい。

それは、「つながり」だ。僕らは、つながりの上で存在している。

旅も一人で歩んでいるんじゃない。

一人で旅をしていると思うと、不安になる日もあるかもしれない。

僕だってそうだった。でも、僕が苦しかった時、話を聞いてくれた勝屋夫妻がいて、哲朗がいた。死んだ父親も、母親も、アカツキのメンバーのみんなも。関わる色んな人たちの愛が、僕の心を開いてくれた。助けてくれた。

価値観が多様な時代だからこそ、何より大切なのはつながりを思い出すことだ。

多くのつながりの中に自分がいる。多くの愛の中に自分がいる。

そして、その愛は、今周りにいる人たちだけの愛じゃない。

あなたがこの瞬間に存在することは、たくさんの愛の上に成り立つ奇跡だ。

両親、おじいちゃん、おばあちゃん、過去出会ってきた人たち全てがいて、あなたは今ここにいる。

人だけじゃない、自然や地球、宇宙、その全てが、あなたというこの奇跡を生み出している。あなたという存在を無条件に愛している。

この世界の中に自分がいる奇跡、その無条件の愛の大きさを思い出そう。

自分という存在が、切り離されたものじゃなく、つながりの、愛の中で存在している奇跡だということ。魂はもう既にそれを知っている。壮大なつながりの中で、僕たちの魂はこの時代を選んで集まってきたんだ。何か、大切な約束を果たしに、一緒にこの場所に来たんだと僕は思う。

だから、その愛を、自分の魂を信頼して、まっすぐに生きていけば、どんなに遠回りに見えることだって素晴らしい歩みだと気がつく日がきっとくるはず！

さぁ、この旅を一緒に楽しもうじゃないか！

謝辞

２０２０年を迎える前に、これまでの旅で感じたことを分かち合いたいと思ってこの本を書いた。２０２０年は僕にとってすごく特別な年だ。

２０１０年にアカツキを創業した時に、哲朗と一つだけ約束した。それは、「起業してどんなに苦しいことがあっても、10年は二人で一緒にやり続ける」ということだった。それが、来年の２０２０年だ。そして、僕の父親が死んだ年齢が37歳で、僕が父親と同じ37歳になる年も２０２０年だ。

僕は、父親が死んでからずっと自分が37歳を超えて生きているのか不安だった。大学生の時にハッピーカンパニープロジェクトで感動して、自分の夢と、ロードマップとしての人生年表を書いた。人生年表には、37歳で、幸せな会社を作って一部上場企業にすると書いた。でも、37歳以降の人生年表はちゃんと作れなかった。

だから、２０１９年は、僕にとっては一つ目の人生の最後の年だと思う。この年に、自分の旅を分かち合える機会をもらえて本当にうれしかった。

書き始めてみると、本を書くのってこんなに大変なんだ！　って思ったし、自分の文才のなさにびっくりした。でも、書き上げてみると、自分の意思を超えて書かされた気分になる不思議な本だった。

僕にとっての〝最後〟の年に、こんな機会をくれた箕輪くんと幻冬舎チームの方々、本当にありがとう。特に、箕輪くんは、目に見えないものをテーマとした本で、どこまで振り切って書いていいのか不安で悩んでいた僕に、「全部内面出しちゃって！」と何度も言ってくれた。勇気をもらえた。〝いっちゃった本〟を書かせてくれてありがとう！

勝屋夫妻は執筆にも協力してくれた。特に、奥さんの祐子さんには、たくさんフィードバックをもらって助けてもらった。深夜まで協力してくれてありがとう。

たくさんのアカツキメンバーもサポートしてくれた。感想をくれたり、相談に乗ってくれたみんな、ありがとう。特に広報の鶴ちゃんにはたくさん支えてもらった。ゲラができた時に、「泣いちゃって読めない」って言ってくれた時はうれしかった。僕も完成した時は、泣けたよ。ありがとう。

感謝しきれないほどたくさんの人のおかげで、この本は完成した。

改めて、たくさんの人たちに僕の人生は支えられていた。ハッピーカンパニープロジェクトでお会いした経営者の方々や、南場さんはじめ、DeNAの時のメンバー。本に名前をあげた人はもちろん、本に載せられなかった多くの人にも大切なことを教えてもらった。

そして、アカツキのメンバー、ユーザーさん、取引先、投資家の方々など、アカツキを通して関わってくれた全ての人々にありがとうを言いたい。

特に、アカツキメンバーには感謝しきれない。僕が何度も間違えて、失敗して、壊れそうになっても戻ってこられたのはみんなのおかげだ。アカツキのみんながいる場は僕にとって大きな支えになっている。大切な人生の旅の中で、僕と時間を共有してくれて、ありがとう。

そして、哲朗、ありがとう。

二人で会社を作って、ここまで一緒に歩いてこられて僕は幸せだった。哲朗じゃなかったら、こんなに素晴らしい旅にはならなかったと思う。本当にありがとう。これからもよろしく。

家族にも心から感謝を伝えたい。

僕をいつも見守ってくれて、たくさん愛してくれたお母さん。心配性なのに、それを見せないように頑張って応援してくれてありがとう。

僕に強さをくれて、死んでからもずっと助けてくれたお父さん。苦しい時に大丈夫だと伝えてくれてありがとう。

しんどい時に、LINEで「起業家としてダメになっても、兄さんは兄さんだから。おかんも、私も、あこやいつきもみんな兄さんのこと大好きだから」とメッセージをくれた、妹の真知子。そして、姪っ子のあこ、さゆり、甥っ子のいつき、ありがとう。

そして何より、この本を読んでくれた読者のみなさま。

慣れない執筆で、読みづらい点もたくさんあったと思いますが、読んでくださってありがとうございます。この本が少しでもあなたの素晴らしい人生の旅の助けになれば、こんなにうれしいことはありません。

この本にはささやかながら、もう一つコンテンツをつけさせていただきました。最後のページに「Calling」というオリジナル曲のURLと歌詞を紹介させていただきました。この本でも書いたハートドリブンフェスティバルで生まれた曲です。この本のメッセージをそのまま表現した歌です。友達の宇野豪佑くんが僕の話を聞いて作ってくれました。正直恥ずかしいのですが、本だけじゃなく歌も通して、この本のメッセージを分かち合えれば面白いと思ってお送りします。よろしければ聴いてみてください。

振り返れば、大学生の時に37歳以降の人生年表が書けなくてよかったと思う。年表がない分、魂の進化と共に新しいキャンバスにどんどん絵を描いていける。正解がない時代の中で自分が想像もしてない景色を見に行ける。何が起こるかわからないから楽しみだ。

この本を読んでくれたあなたとも、きっと何かつながっているんだと思う。この心の時代を一緒に旅して行ければ、うれしいです。

これからの世界で、
あなたの魂と人生が最高に輝くことを願って。

令和元年　8月30日

塩田元規

■参考文献

【人はなぜゲームをするのか。感情報酬という報酬】(P41)
・「Newzoo」2018年4月30日調査レポート
https://newzoo.com/insights/articles/global-games-market-reaches-137-9-billion-in-2018-mobile-games-take-half/?fbclid=IwAR244-dOaD1aH3GjH77HaLJeEK-Ds1slBwZLLXi-wZEfD9kt_MH06k69Fxw
・『幸せな未来は「ゲーム」が創る』ジェイン・マクゴニガル(著)/早川書房

【感情価値によってケタが変わる。思想や哲学が生み出す訴求力】(P44)
・ジョブズがいなくても、新しい価値は創造できる/ITmediaビジネスオンライン
https://mag.executive.itmedia.co.jp/executive/articles/1601/19/news041.html

【インサイド・アウト。内側を変えて、外側を変える】(P72)
・『7つの習慣』スティーブン・R・コヴィー(著)/キングベアー出版

【GoodはGreatの敵。突き抜けることへの確信】(P131)
・『ビジョナリーカンパニー』ジェームズ・C・コリンズ、ジェリー・ポラス(著)/日経BP出版センター

【内側の進化が組織のステージを変える。自己表現を許せる組織へ】(P145)
・『ティール組織』フレデリック・ラルー(著)/英治出版

【素晴らしい人生を阻む四つの罠】(P164)
・『ビジョナリー・ピープル』ジェリー・ポラス、スチュワート・エメリー、マーク・トンプソン(著)/英治出版

【iii コントロールドラマというエネルギーの奪い合い】(P169)
・『聖なる予言』ジェームズ・レッドフィールド(著)/角川文庫

【仲間との分かち合いが進化を加速させる】(P187)
・『スター・ウォーズ　エピソード5/帝国の逆襲』

【アップルはWhyからスタートして卓越した企業になった】(P218)
・How great leaders inspire action/TED Talks
https://www.ted.com/talks/simon_sinek_how_great_leaders_inspire_action

【ニワトリを殺さない。感情的な安心・安全の担保】(P226)
・『ニワトリを殺すな』ケビン・D・ワン(著)/幻冬舎

装幀　トサカデザイン
カバーイラスト協力　TRIVE
カバー写真　大本賢児
編集協力　篠原　舞
編集　箕輪厚介（幻冬舎）
山口奈緒子（幻冬舎）

価格自由

「価格自由」では、下記QRコードもしくはURLより
作品や作者を応援することができます。

この本を読んで心が動かされたら、
ぜひサイトより本の感想をお送りください。
また、読者イベントなどのご案内も
こちらからさせていただきます。

https://heartdriven.jp/QR/

※こちらは予告なく終了させていただく場合がございます。
予めご了承ください。

ハートドリブン
目に見えないものを大切にする力

2019年10月５日　第1刷発行
2019年10月20日　第3刷発行

著者
塩田元規

発行者
見城 徹

発行所
株式会社 幻冬舎
〒151-0051 東京都渋谷区千駄ヶ谷4-9-7
電話　03(5411)6211［編集］
　　　03(5411)6222［営業］
振替　00120-8-767643

印刷・製本所
中央精版印刷株式会社

ISBN978-4-344-03521-8　C0095
幻冬舎ホームページアドレス
https://www.gentosha.co.jp/

この本に関するご意見・ご感想をメールで
お寄せいただく場合は、
comment@gentosha.co.jpまで。

アカツキのメンバーと描いた「約束の樹」

「約束の樹」

アートチームTRIVE監修のもと、アカツキのメンバーと共に制作。人間の内面世界のモチーフとして、神話で語られる宇宙に浮かぶ世界樹を描いた。

「約束の樹」の制作

アカツキの「SHINE LOUNGE」で描き始めたこの絵は、縦6m、横7mととても大きい。天井から吊り下げても、下半分を床に広げるほど。アカツキのメンバーがオフィスや周年祭でこの絵に色をつけ、僕自身も筆や指を使って葉や幹などに色を重ねていった。

ハートドリブンフェスティバル

「1年で1日だけ大人が子供に戻って本気で遊ぶ文化祭」がコンセプトのアカツキの周年祭。2019年は社外からも参加者が集った。友人がこの日のために作ってくれた「Calling」という曲を、僕と参加者全員で歌った。

Calling

作詞：宇野豪佑＆塩田元規　作曲：宇野豪佑

子供の頃は丸くて眩しい 太陽みたいに笑ってた魂
まだ覚えているから 取り戻せるかな　さぁ、さぁ、ゴングを鳴らそう

Sunny Up　死神に勝ち続ける秘訣は
Wake me up　涙をそして笑顔　ないことにしてた感情を放てたなら

Calling 心の扉を開けた　その先にある　セカイで遊ぶ　約束をしてきたから
条件付きの愛で育ってきた見果てぬ夢の続きを　青臭く信じてたら
見えてきたよ　Heart Driven World

豪華な食事が並べられてるのに何故か味がしない ただただ消化して
笑いたくないからうまく笑えない 自分でもそれは気づいてるんだけど

Making Up 無理をして「じぶん」らしくなんて止めて
Who you are 少しずつ嘘を減らして　新しくも懐かしいほんものに出会えたなら

オンリーワンの色も混ざり合って光となれば　繋がりの中でもっと輝くから
「生産性のない夢ね」って笑われたって構わない　好きな色をギュッと絞って
心のワクワクを描いていこう

夜明けを迎えて　命は踊りだす　夢にまで見た場所　ちゃんとここにあったんだ
みんながそれぞれの歩幅で歩いてきたんだよ

Calling 耳をすませば 聞こえてくるその歌は 胸の内側から 響いていて

想像もしてない だけど識ってる 思わず笑顔が溢れる そんなイメージを口ずさんで
条件付きじゃない 愛を知って 僕らは愛しあえるから　ねぇ 一歩踏み出して行こう
いつか約束した Heart Driven World

「Calling」

ハートドリブンフェスティバルで歌った「Calling」という歌を、僕と哲朗がアコースティックで歌っている映像です。本だけじゃなく、この歌も通してメッセージを分かち合いたいのでよかったら聴いてください。